アニマルウェルフェア

Animal Welfare

動物の幸せについての科学と倫理

佐藤衆介

東京大学出版会

Animal Welfare :
Science and Ethics of Happiness in Animals
Shusuke SATO
University of Tokyo Press, 2005
ISBN978-4-13-073050-1

はじめに

私が「アニマルウェルフェア」という言葉にはじめて出会ったのは、一九七八年にマドリッドで開かれた第一回世界家畜行動学会議参加のおりではなかったかと思う。大学院を終えたばかりの私はお金もなく、パリのシャルル・ド・ゴール空港に降りてからマドリッドに国際列車で向かうという旅程を組んでいた。到着後、眠い目を擦りながらすぐに会議に参加したが、そこは畜産の生産性に直結する行動学こそ重要だとする東欧の学者と、行動学はアニマルウェルフェア推進に向けてこそ重要であるとする西欧の学者の対立の場でもあった。アニマルウェルフェア運動を契機に急激に展開してきた西欧応用動物行動学の全方位性（研究内容および研究対象の多様化）を心地よく思うと同時に、アニマルウェルフェア研究推進の困難な前途をも感じたものである。あれから二七年の歳月が流れているが、わが国ではいまだにアニマルウェルフェア研究に対する生産サイドからの猜疑心は払拭されていない。

本書は副題を「動物の幸せについての科学と倫理」とした。アニマルウェルフェアとは「動物の幸せ」レベルである。この「動物の幸せ」レベルは科学的にとらえられること、「動物の幸せ」レベルを高くしてやることが人類の持続的発展につながる、すなわち倫理であることを書いたつもりである。そして、このテーマは、「動物の幸せ」を考えるなかから私たちにとって幸せとはなにか、さらに「動物をどう生かしてやるか」を考えるなかから私たちはどう生きるかを問い直す絶好の機会でもある。アニマルウェルフェアに関心のある人だけではなく、生きにくい現代にあって「生き方」を模索している人にもぜひ読んでいただきたいものである。

アニマルウェルフェアのこのような本質的な意義もさることながら、アニマルウェルフェアについてなぜいま考えなければならないかの緊急な理由もある。平成一七年（二〇〇五年）には、ウシ、ブタ、ニワトリといった産業動物を取り巻くアニマルウェルフェア環境は大きく変化することが予想されている。

国内的には、平成一二年一二月一日より施行されている「動物の愛護及び管理に関する法律」が、「……五年を目途として……法律の施行の状況について検討を加え……必要があると認めるときは……所要の措置を講ずるものとする」と規定していることから、平成一七年までには、条文において真っ先に対象とされてきた産業動物の愛護と管理を一九年ぶりに再検討する必要に迫られている。

世界的には、貿易のルールづくりを目指すWTO（世界貿易機関、世界一四七カ国が参加）は二〇〇五年に現ラウンドが決着することを目標にしている。しかし、貿易の一般ルールとは別に特別ルールである非貿易関心事項も討議しなければならず、その特別ルールとしてEUが主張するアニマルウェルフェア規定の検討に迫られている。わが国は特別ルールとして「農業の多面的機能」の規定化を提起しているが、その場ではEU提案にも賛意を表明しており、アニマルウェルフェアがWTO特別ルールとして認定される可能性は高い。農産物の輸出国である西欧では、「アニマルウェルフェア倫理」が畜産物の国際競争力を低下させると認識しており、アニマルウェルフェア条項の遵守を補助金というかたちで支援し、自由貿易のなかでアニマルウェルフェア倫理を守ろうとしているのである。その準備としてEUは、農業共通政策（CAP）として二〇〇五年より「アニマルウェルフェア補助金」を支払うことを決定している。

それと連動したもうひとつの大きな動きは、世界一六七カ国（世界の八七パーセント）が参加する国際獣疫事務局（OIE）の動きである。OIEは頭文字を残したままで名称を世界家畜保健機構（World Organisation for Animal Health）へと変えたが、それにともない獣疫の国際的伝搬の制御に留まらず、動物の健康促進へと視点を広げてきている。そのなかで健康を守る必要条件としてアニマルウェルフェアを重視し、二〇〇五年までに世界基準をつくろうとしているのである。

このように、国内的にも国際的にも真剣に産業動物のアニマルウェルフェアを考えなければならない時期が到来しているといえる。アニマルウェルフェアは西欧の倫理である。そこで、西欧では産業動物の飼育・輸送・屠殺の現状にどのような感情を抱き、どのように対処しようとしているのか（第1章）、その倫理がどのような背景をもって発想されてきたのか（第4章）、そして西欧ではそれをどのようなかたちで客観化しようとしてきたのかをまず知る必要がある（第2章、第3章）。さらに、その倫理はたんなる文化の違いとして見過ごしてよい倫理なのかを考え（第5章）、最後に私たちに食べられる動物と私たちとの関係はどうあるべきなのかを考えることが大切である（第6章）。本書はそれらについて書かれたものである。

私はウシをおもな研究対象とする応用動物行動学者である。二〇年をさかのぼる一九八五年に「行動学および家畜行動学の出現」という論文を「家畜の管理」という研究会誌に書いた。そのなかでアニマルウェルフェアに関連した西欧の論文を紹介しているが、自らの研究方向に近いものを感じ、アニマルウェルフェアとはなにかを探りたい衝動を感じた。そして同年、当時のアニマルウェルフェアの最先端の研究者であったイギリス・エジンバラ大学のウッドガッシュ教授のもとに留学したのである。それ以来、家畜のアニマルウェルフェアをわが国に伝える努力をしつつ、一方で伝わらないもどかしさを感じながら、二〇年考え続けてきた成果が本書であるともいえる。われわれ農耕民が肉食を取り入れるなかで、避けては通れない論点を整理したつもりである。産業動物に対する倫理を考える一助になれば幸いである。

二〇〇五年四月八日

鹿千供養塚を建立した仙台マタギの里にて　佐藤衆介

アニマルウェルフェア／目次

アニマルウェルフェア

第1章　西欧からの発信

1　ウェルフェアの意味するところ

ウェルフェアを探る

「ウェルフェア」をインターネットで検索すると、健康・介護産業、介護福祉専門学校、さらには高齢者・福祉・健康の専門放送局などが二〇〇〇以上もヒットしてくる。そのなかに、動物福祉や動物愛護のサイトも散見される。すなわち、対象が人間でも動物でも「ウェルフェア」とは、「福祉」や「愛護」に関係している言葉であることがわかる。

ウェルフェアとは welfare と綴られ、ウェブスターの『新世界辞書』によるとそれは wel と faren

の合成語である。welは「望みに沿って」、farenは「生活すること」とあり、「よい生活の状態、すなわち健康で、幸福で、安楽な状態」と定義されている。そのような語源にもとづいて欧米では、ウェルフェアとは動物のフィーリングという点から定義されるべきであるという考えが主流となっており、「個体の現実の生活が苦痛や不快のない、喜びに満ちた状態」と考えられている。「苦痛・不快」とは負の情動であり、それは恒常性を脅かす環境（ストレッサー）から逃れたり、その環境を排除したりする原動力・動機となる情動として進化したものと考えられる。そこで、ウェルフェアを守るとは、ストレッサーを排除することがおもなポイントのひとつとなる。つい最近まで、西欧ではこの点がとくに強調され、アニマルウェルフェアの研究はこの視点でのみ展開されてきた。しかし、第二のポイントとして、正の情動である「喜び」の助長も重要であることが提唱され始めている。正の情動は食べたり、寝たり、勉強したり、排泄したり、友だちと仲よくしたり、ときには喧嘩したり、あるいはセックスをしたり、子どもを育てたりといった正常行動を適切に発現させるための原動力・動機となる情動として進化したものと考えられる。しかし、それに関する研究は緒についたばかりである。セックスをしたり、子どもを育てたりすることは、「次世代の継続」にも通じるが、ウェルフェアの発想では「個体の状態」を基本的にもっとも重視している。これには「幸福」の本体は苦痛の排除であるとし、「最大多数の最大幸福」を正義とする功利主義的発想が背景にあるといわれている。たとえば、原理主義的で過激な動物保護運動の思想的基盤として「動物権利思想」があるが、それもあくまでも「個体の状態」を尊重する思想である。

ウェルフェアと福祉の微妙な違い

一方、ウェルフェアの訳語としての「福祉」とはどのような意味をもつのであろうか。『広辞苑』をひもとくと、「福祉」は宗教用語であるとも書いてある。日本語では福も祉も基本的に「幸せ」の意味であるが、宗教的には「消極的には生命の危急からの救い（個体の安寧状態［筆者解説］）を意味し、積極的には生命の繁栄（次世代への継続［筆者解説］）を意味する」と記されている。「ウェルフェア」も「福祉」も生活の良質性をあらわす言葉であるが、その内容には若干の違いがあることに気づかれるかと思う。「ウェルフェア」とは個体の情動の重視であり、「福祉」とは個体の存在状態と次世代への継続の重視、すなわち生物の存在状態の効率化（生物学的適応度）の重視であることがわかる。このような語源の違いは、動物への配慮の仕方においても、西欧と日本に微妙な違いをもたらしているともいえる。

「ウェルフェア」と「福祉」の発想の違いは、法的な条文にもあらわれている。ＥＵ諸国内の動物への差別防止などを規定したアムステルダム条約（一九九九年五月発効）とわが国の「動物の愛護及び管理に関する法律」（通称「動管法」一九七三年公布、一九九九年改正、通称「動物愛護管理法」）では、動物観の違いは明確である。アムステルダム条約では、締約国に「動物保護の改善とアニマルウェルフェアに対する配慮」を求めているが、その枕詞として「動物は意識ある存在（sentient beings）」と表現している。一方、動管法では第二条の基本原則において、「動物が命あるものであることにかんがみ、動物をみだりに殺し、傷つけ、又は苦しめることのないようにするのみでなく、……適正に取り扱うようにしなければならない」と規定し、「命あるもの」という枕詞を使っている。欧米では「意識」を重視し、わが国では「命」を重視していることが如実にあらわれている。

このような動物への配慮の違いは、アンケート調査からもうかがい知ることができる。「動管法」が施行されて一五年めの一九八九年、その所轄官庁であった総理府をはじめとする行政機関と動物愛護団体が共催し、「動物の保護及び管理に関するシンポジウム」が東京で開催された。そのとき、特別講演したカナダの獣医師ブルース・フォーグルは、日本とイギリスの獣医師には死生観や安楽死についての考えに違いがあることを紹介した。人間の死後世界を肯定する人は日本で五五パーセント、イギリスで四三パーセントと大差はなかったが、動物の死後世界を肯定する人は日本での四七パーセントに対し、イギリスでは一八パーセントと大きな違いとなった。そして動物に魂を認める人は日本での七七パーセントに対し、イギリスではたった一九パーセントにすぎなかった。動物に意識（自意識）を認める人は、日本での一〇〇パーセントに対しイギリスでは七四パーセントであった。さらに、動物の安楽死肯定派はイギリスの八六パーセントに対し、日本では五二パーセントで、健康な動物なのに飼い主の希望で安楽死させるという行為を肯定する人は、イギリスでの七四パーセントに対し、日本では三二パーセントにすぎなかった。もっとも大きな違いは、助かる見込みのない重症の動物が苦しんでいる場合、飼い主の承諾がなくても安楽死させるかとの問いに、日本人は三パーセントしか賛同しなかったのに対し、イギリスでは八八パーセントが賛同したことであった。飼い主が望めば助かる見込みがあっても重症の動物を安楽死させる獣医師は英国の九一パーセントに対し、日本では四〇パーセントであった。日本人は、飼い主の希望という自己責任を重視する傾向とも読み取れるが、それを差し引いても日本人は安楽死に強い抵抗感があること、イギリス人は「苦しみ」に強く反応することが如実にあらわれている。くわえて、日本人には動物に死後の世界や魂や自己認識を認める人が多いことも明らかであった。

私たちは一九九六年に、全国の一般老若男女五九五名に動物福祉に関するアンケート調査を行った。「家畜」「実験動物」「ペット」を、それぞれ「殺すこと」「肉体的に苦痛を与えること（肉体的ストレス）」「精神的に苦痛を与えること（心理的ストレス）」、および畜産現場で通常行われる「断尾」「犬歯切り」「去勢」などの肉体の除去に対する許容性について三八の質問をした。その結果、「ペット」「実験動物」「家畜」の順、ならびに「肉体の除去」「肉体的ストレス」「心理的ストレス」「屠殺」の順で許容性は高くなることが明らかとなった。屠殺への配慮は相対的に低かったが、そのなかに「食べるためにウシを殺す」には一四・五パーセント、「毛皮を取るために養殖ミンクを殺す」には四四・七パーセントの反対があった。さらに、二〇〇二年には養豚農家一四九人を対象に、ブタの福祉に関する意識調査も行った。そのなかには「なぜ家畜に配慮するのか」を探る問いかけへの賛否を問う設問もあった。「家畜を生きているあいだ幸せに生活させて、痛みの無い方法で屠殺することは道徳的に良いことであり、食べるための屠殺は悪いことではない」という設問に対し、生産者にもかかわらず一〇・九パーセントの人が「どちらとも言えない」とし、一・四パーセントの人は「反対」し

図 1.1　東北農業研究センター内にある「馬魂碑」
毎年，研究に使われた動物の死に対し慰霊祭が行われる．

た。そして「家畜の屠殺に罪悪感を覚え、畜魂碑を建てるなど、慰霊を行っている」との設問には六八・五パーセントが賛同し、反対は三・九パーセントにすぎなかった。馬頭観音、畜魂碑、馬魂碑、牛魂碑と、その慰霊祭は公的にも私的にも行事として畜産関係者にはもっともなじみ深いものとなっている（図1・1）。輪廻的発想についての「自分が死んで家畜に生まれ変わったとき、ひどい扱いを受けたくない」という設問には七〇・二パーセントが賛同し、同類思想についての「家畜も人と同じ生命であり、同類である」という設問にも三九・六パーセントが賛同し、反対は二九・四パーセントにすぎなかった。西欧でさかんに主張される動物権利という発想についての「家畜も人と同様に権利を持つことから、平等に扱われ、むやみに殺されるべきではない」という設問には七パーセント程度の賛同しかなかった。しかし、アニマルウェルフェア的な発想である「家畜は痛みを感じるが故に、人は家畜に対して道徳的な義務を負う」には六一パーセントの農家が賛同し、動物の「痛み・苦しみ」への配慮も同時にもつことは明らかであった。

以上のように、「ウェルフェア」は日本人がもつ動物への配慮の一側面であり、同時にわれわれは「命」への強い配慮をもち、「ウェルフェア」と「命」の統合を求めていることをうかがい知ることができる。

2　現代畜産のなにが問題視されているか

一九六二年、アメリカの海洋生物学者であり作家であったレーチェル・カーソン（R. Carson）の『沈黙の春』により、農薬を多用した近代農業が批判され、世界的に大きな反響をもたらしたことはあまりにも有名である。彼女は、害虫だけではなく魚も鳥もいなくなった近年の自然の変容は、有機塩素系化合物や有機リン系化合物の農薬の影響であることを指摘し、さらにそれらの農薬は食物連鎖を通してわれわれをも含むさまざまな生物に取り込まれ、複合的に生理・精神障害をもたらす可能性を指摘し、集約農業を批判したのである。

図 1.2　集約畜産の一例
1m² あたり 10–20 羽にもなるブロイラー飼育法．出荷直前には，床はほとんどみえなくなる．

期を一にしてイギリスでは、家畜福祉や自然保護の活動家であったルース・ハリソン（R. Hurrison）が一九六四年、『アニマル・マシーン』という著書により、近代畜産における家畜飼育法の虐待性（とくに心理的ストレス状態）や薬剤多投による畜産物の汚染を徹底的に批判した。家畜という動物を狭い場所に閉じ込め、暗がりのなかで活動を制限し、濃厚な餌や抗生物質を与えることで急激に成長させるいわゆる集約畜産に対し（図1・2）、「経済効率という狭い見地から農業問題を判断しつくせるものだろうか」（橋本・山本・三浦訳）との疑問を提起したのである。このような疑問は、集約畜産農家や肉屋の焼き討ちなどまで行う過激な原理主義集団「動物解放戦線」を生み出し、イギリスでは大きな社会問題にもなった。イギリス議会は同年、ノースウエールズ大学動物学科教授のロジャー・ブランベル（R. Brambell）を委員長とする「集約畜産下での家畜のウェルフェアに関する専門委員会」をつくり、畜産での虐待性を検討させ、家畜飼育方法の基準化の必要性の有無を諮問した。翌一九六五年、通称ブランベル・レポートが答申された（図1・3）。それは集約畜産には虐待性が潜む可能性があることを指摘し、それを防止するための飼育基準を提示した。さらに正確な基準をつくるために、応用動物行動学が進展することが重要であると指摘した。飼育方式の基準化の動きはその後西欧全体に広がり、二一カ国からなる欧州審議会では、家畜のウェルフェアに関する協定である「国際輸送中の家畜保護協定」（一九六八年）、「農用家畜保

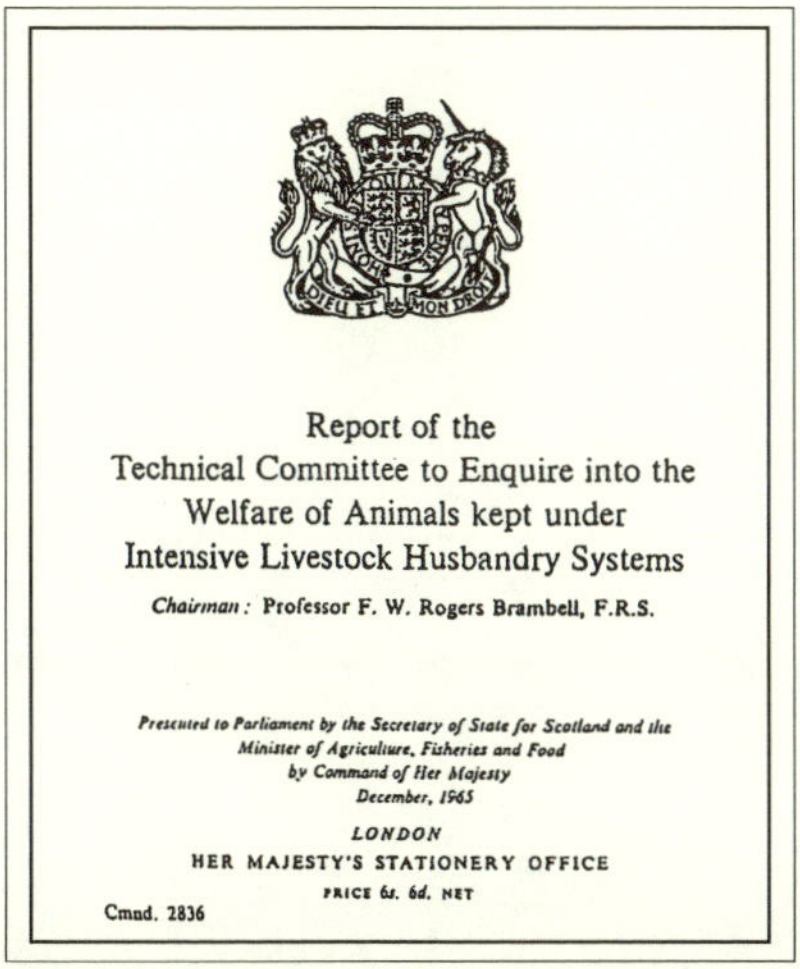
Report of the
Technical Committee to Enquire into the
Welfare of Animals kept under
Intensive Livestock Husbandry Systems

Chairman: Professor F. W. Rogers Brambell, F.R.S.

Presented to Parliament by the Secretary of State for Scotland and the Minister of Agriculture, Fisheries and Food by Command of Her Majesty December, 1965

LONDON
HER MAJESTY'S STATIONERY OFFICE
PRICE 6s. 6d. NET

Cmnd. 2836

図 1.3　アニマルウェルフェア運動のきっかけとなったブランベル・レポート
昔はインターネットなどでは入手できず，これをみるためにわざわざイギリスの図書館まで行って読んだ．私にとっては曰くつきのレポートである．

護協定」（一九七六年）、「屠殺に関する家畜保護協定」（一九七九年）を成立させた。

同様に、オーストラリアのモナッシュ大学教授ピーター・シンガー（P. Singer）は一九七五年、『動物の解放』という著書で動物権利運動を理論化し、一九八〇年には理論家ジム・メイソン（J. Mason）とともに米国集約畜産批判の書『アニマル・ファクトリー』を著している。家畜のウェルフェアを守る発想は、西欧では一九六〇〜八〇年代に出現したといえる。

このように市民側から大々的に批判され、欧州議会が法的拘束力をもつ指令（directive）として厳密な基準を設けるまでの不適切な畜産方式とはどのようなもので、なにが問題視されてきたかをまず紹介する。

ニワトリ飼育ではなにが問題か

バタリーケージ飼育方式は、スイスでは一〇年も前から禁止され、EU全体でも二〇一二年からは禁止される。これは、欧米でもっとも嫌われている方式のひとつである。バタリーケージとは細い針金を格子状に溶接した金網を上下・左右・前後六枚繋いでつくられたカゴで、床は卵が転がりやすいように一一〜一二パーセントの傾斜がついている。前面にニワトリを出し入れする扉、給餌樋・給水樋、さらに卵受けがあり、非常に単純な構造である（図1・4）。約一・八キログラムの採卵用成鶏の場合、カゴの大きさは奥行き三五〜四五センチメートル、高さ四〇〜四五センチメートル、間口二五〜三〇センチメートル（二〜三羽収容）であり、広くてもA４サイズに一羽、狭ければB５サイズ

図 1.4　採卵鶏用のバタリーケージ方式

に一羽という収容密度となっている。そのカゴが二〜三段、ときには八段も重ねられて飼育する方法をバタリーケージ飼育方式といい、一農場あたり数万羽が飼育されるのが一般的である。わが国ではほとんどのニワトリがこの方式で飼育されている。平成一四年度では、一戸あたり成鶏平均飼養羽数は三万四〇〇羽で、全採卵養鶏戸数の五五パーセント強が一万羽以上を飼養している。総羽数は一億三八〇〇万羽で日本の人口よりやや多い数の採卵鶏が飼われ、年間二五一万トン、一個平均五〇グラムとすると約五〇〇億個の卵を生産している。

ニワトリは孵化後約五カ月で産卵を始めるが、その前の育成期には一〇〇羽程度で群飼ケージ飼育や一〇〇〇羽程度で平飼い（コンクリート床に木材チップなどを敷き、まわりをパネルで囲う）する。そのときにほかのニワトリの尻・肛門・羽毛をつつく行動が起こりやすいので（図1・5）、孵化後すぐから七日齢前後に電気加温式断嘴器（デビーカー）で上の嘴を深く（二分の一〜三分の二程度）、下の嘴を浅く（二分の一〜三分の一程度）切断するのが一般的である（断嘴 beak trimming）。また、ニワトリを屋外で飼うと産卵は春から夏に向かうとき、すなわち日長が漸増するときに促進され、光が産卵に関係することが知られている。このため、秋から冬にかけては人工照明が必要となり、経済的な点灯システムが検討されている。その結果、最低照度は一〇ルックス程度、さらに一五分点灯‐四五分消灯を繰り返すことで十分であることなどが明らかにされ、省資源的な点灯管理がなされている。また、産卵開始から一年が過ぎると産卵率は落ち始めるが、一〜三日間の絶水と一週間程度の絶食を行うと、羽毛が抜け換わり若返りが図られ、産卵率がある程度回復する。このことから、一年半くらい経過したころに絶水と絶食を実施する場合もある（強制換羽）。

採卵鶏のバタリーケージ飼育方式は一九三〇年代に開発された。この方式は糞がケージの下に落ちるため、衛生的で疾病や寄生虫の制御がもっとも容易な理想のシステムである。鶏舎全体が一体化した方式であり、産卵開始直前のニワトリを一斉にケージに入れ、一年半飼った後（強制換羽の場合はもっと長い）に一斉に出荷し、鶏舎全体を消毒できることから、さらに衛生的となる。気温、湿度、換気、餌、水は自動制御されており、生存に必要な環境としては申し分ない。しかし、管理がほとんど自動化しているため、システムの故障は重大な危機をもたらしうる。また、ケージは網でつくられているため、頸がはさまったりする事故がある。このような緊急事態への対応がなされれば、健康に必要な環境としても最適である。しかし、前述したように生活面積が狭く窮屈であり、また環境が単

図 1.5　カンニバリズムといわれるつつき行動
はじめは羽毛や肛門などをつつくが，血や内臓が出たりすると「つつき」は一段と激しくなる．

図 1.6　林地に放牧された採卵用鶏の生活
土を掘り返し，翼やあしゆび（趾）を使い土を羽毛の間にまぶす．これにより，羽毛の油汚れや外部寄生虫が除かれる．

純で退屈である点を、欧米では問題視するようになってきた。

ニワトリを環境が多様な屋外で飼育すると、ニワトリは朝、目が覚めると羽ばたきや羽繕いをし、餌を探して地面を引っかき、つつき、ときには小穴に入り砂を浴び、暗くなると止まり木に止まって寝る(図1・6)。ケージ飼育では羽がつかえて羽ばたきはできず、引っかいてもケージからはなにも出てこないし、爪も砥げない。砂がないので砂浴びの真似事はするが、羽はきれいにはならない。その結果、羽は汚れやすく、爪は伸びすぎ、眠りは浅くなる。また面積が狭すぎるため、歩行も極端に少なくなる。ほかのニワトリへのつつきが多くなり、ケージで擦れることもあり、つつかれるニワトリの羽装は極端に悪くなる。眠りが浅く、運動不足のため骨軟化症や骨粗しょう症が多発し、出荷のときには三〇パーセントのニワトリが骨折するともいわれている。生存は保障されるが、安楽性がないバタリーケージ飼育は、欧米市民の目にはウェルフェアが阻害されていると映るのである。さらに、この方式の成否を保障する「断嘴」や産卵率低下に対するショック療法ともいうべき「強制換羽」にもウェルフェア問題を感じるのである。

ブタ飼育ではなにが問題か

ブタは誕生すると、まず貧血防止のための鉄分注射と犬歯の切除が行われ、一〜二日齢では断尾、三〜七日齢では去勢、ワクチン注射、そして個体識別できるように耳に切り込みを入れる耳刻が行われる(図1・7)。犬歯の切除は母豚の乳房や兄弟の子豚を傷つけないようにするために行われ、ニ

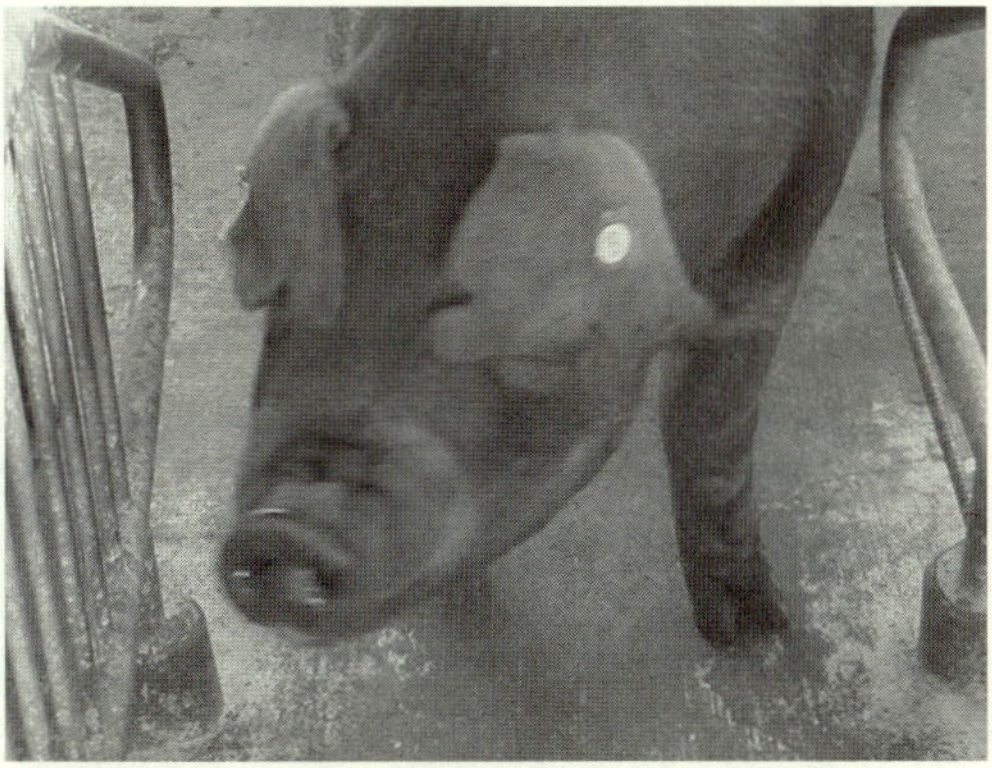

図 1.7　耳刻されたブタ
個体識別番号，生年月日，母豚の情報などを刻むため，数多い耳刻数となる．

ッパーや電動ヤスリが使われる。しかし、屋外で放牧飼育すると子豚の犬歯を切除しなくても母豚の乳房は傷つかないし、兄弟子豚の傷も表面的で増体には影響しないことも知られている。去勢は肉に雄臭をつけないこと、性行動を弱めることを目的として行われるが、肉生産用豚は六カ月齢一〇〇〜一一〇キログラム体重という弱齢で屠殺されるため、それらの問題はそれほどないとの報告もある。断尾はコンクリートの床などの単純環境でブタを群で飼った場合、仲間の尾をもてあそび嚙みつくのを制限する目的で実施される。尾には末梢神経が走っており、断尾した場合、傷口は外傷性神経腫になる場合もある。ヒトでは外傷性神経腫は痛みがあり、痛覚過敏になることが知られている。適正な餌を給与し、水を十分に与え、ワラや鼻で遊べるもの、掘ることのできる土なども与え、適正な飼育密度で飼うと、「尾かじり」はほとんど起こらないことも報告されている。耳刻は耳の一部を取り去り、その

図 1.8　繁殖豚用の飼育ストール
子豚が離乳したり，妊娠が確認されると雌豚はここに収容される．

箇所により個体識別を行うためのものである。取り去られる面積に応じて痛みは大きい。
三週齢程度で離乳させ、八カ月齢くらいになると繁殖させることとなるが、そのときにはストール飼育が一般的となる。雌豚用ストールとは〇・六〜〇・七メートル×二・〇〜二・一メートルの枠場で、前に餌槽と飲水器が備えられている。後半部の床はスノコ構造となっており、排泄をそこで行わせるように転回（向き換え）ができないように幅をせばめている（図1・8）。餌は穀物の粉あるいはそれを水で溶いたもので、三〇分〜一時間程度で食事は終わる。肥満させると繁殖に悪影響が出るので、増体するように選抜したにもかかわらず制限給餌を行う。この飼育法のなかで、前面を囲う柵

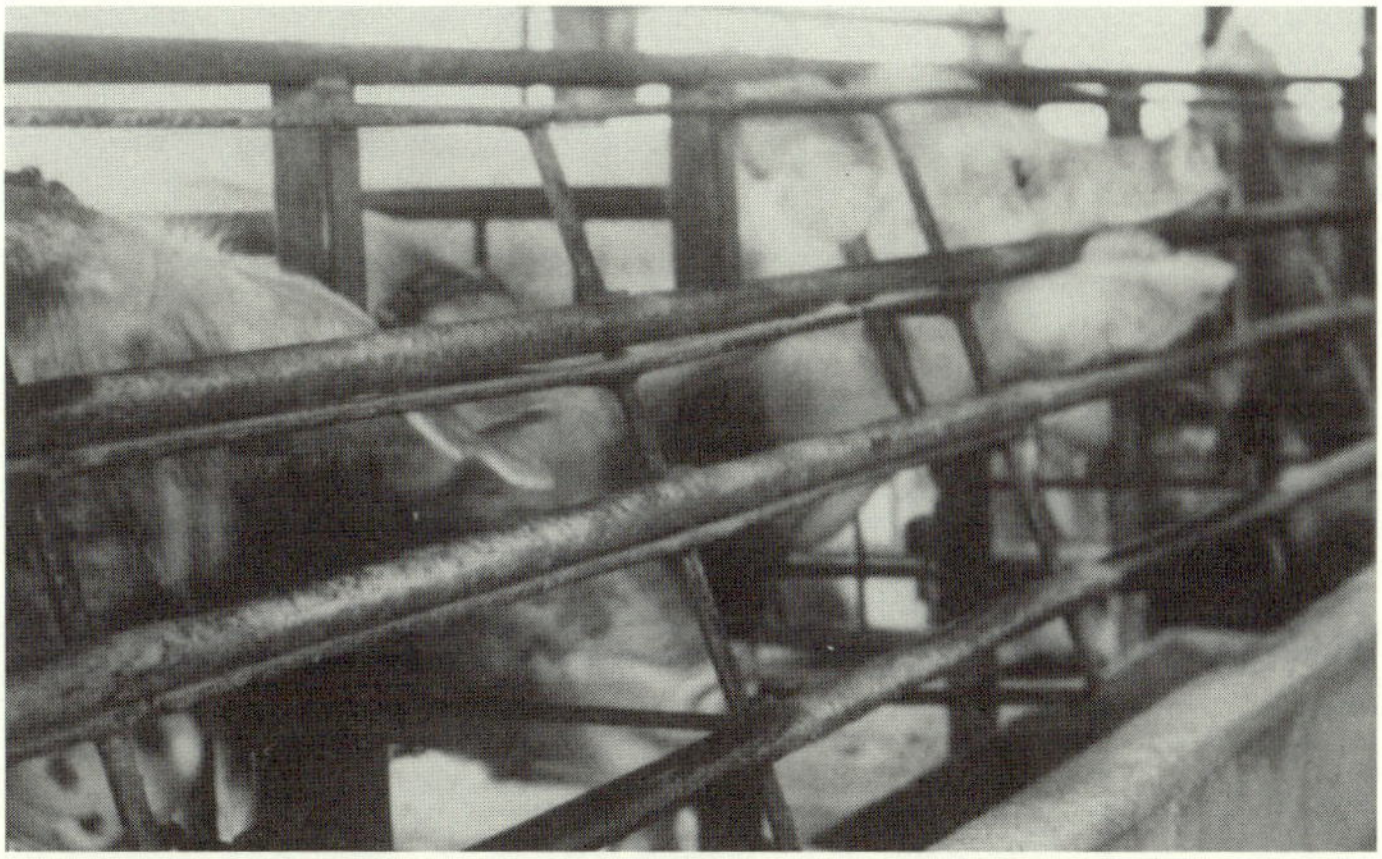

図 1.9　奥のブタが柵をかじり続けている
同じ場所をかじり続けるので，柵が磨り減ってしまうこともある．

図 1.10　ブタの分娩用ストール
左のかまぼこ型のものが温源．子豚が母豚の横臥によってつぶされないように工夫されている．子豚が哺乳時以外には母豚に近づかないように温源を用意し，横臥位置を制御するために母豚は柵で囲われる．

を恒常的にくわえてかじる「柵かじり」（図1・9）、口のなかに餌が入っていないのに咀嚼し続ける「偽咀嚼」、水を必要以上に飲み続ける「多飲行動」といった行動が出現する。このような行動変容を異常と感じ、欧米市民は反発する。

交尾後一一五日で分娩するので、分娩予定の七〜一〇日前から分娩用部屋（ペンという）に移す。分娩ペンは、動きがより制限された雌豚用ストールである分娩枠場と、その周囲の子豚だけが出入りできるスペースからなる（図1・10）。子豚スペースを準備するのは、母豚が横臥するときに子豚を踏みつぶさないようにするためで、そこには温源がある。ここでも母豚は転回ができない。はじめてのお産をする雌豚には子豚を食べたり、授乳を拒否する異常行動が出現することがある。これらも欧米市民の反感をかっている。わが国の養豚はほとんどこの方式であり、平成一四年には八七九〇戸の農家で平均一〇四頭の子取り用雌豚が、合計九一・六万頭飼育されている。たとえば、千葉市の人口程度のブタが苦しんでいると欧米人は考えるのである。ここから生産された子豚は九七八〇戸の農家で平均九七六・四頭の肥育豚として、子取り用雌豚の一〇倍となって、大阪府の人口程度の計九五五万頭が飼育されている。それら一頭一頭のブタが苦しんでいると欧米人は考え、ブタの生活の質QOL（Quality of Life）を改善することを求めているのである。

ウシ飼育ではなにが問題か

ヴィールとは子牛肉のことである。ヴィール生産は、欧州では古代より続けられてきた生産方式であるが、洗練が強く求められてきた技術のひとつでもある。乳牛から生まれた雄子牛は五～六カ月齢まで母牛のミルクだけで育てられ、母牛の餌（草や穀物）と競合する前に屠殺する。すなわち、余分な餌生産が不要な、まさに余剰生産方式として発達してきたのである。その結果、白いピンク色の牛肉が生産される。その色は肉質をあらわすものとして、より赤みの薄い肉の生産方式が開発されてきた。欧州ではフランス、イタリア、オランダを中心に五八〇万頭、アメリカで七五万頭が毎年生産されている。

肉の白さを保つには鉄分を不足させることが必要であり、そのために暗い小屋で口に轡《くつわ》をはめワラが食えないようにして育てる。早く太らせるために動けないような狭い枠場に閉じ込め、湿気の高い生暖かい小屋で飼う（図1・11）。欧州ではミルクの過剰生産が問題となっており、この生産方式において大量の粉ミルクを給与したため、屠殺体重は一九六〇年代には一五〇キログラムであったが、現在では三〇〇キログラムを超えるまでになってきている。

枠場は幅六〇～六五センチメートル、高さ一メートル程度、長さ一六五センチメートル程度で、木製の板で囲われ、床はスノコ状になっていて、前面にミルクを入れるゴムあるいはビニール製のバケツがついている。子牛が肢を伸ばして横臥姿勢をとるには枠場の幅は狭すぎるため、睡眠がとりにくい。鉄分不足のため貧血が起こりやすく、胃潰瘍、腸炎、呼吸器病も多発する。一生でもっとも遊ぶ時間が多い時期なのに、ものを頭で遊ぶ一人遊びもできないし、仲間と走り回ったり、頭を擦り合ったりといった社会的遊びもできない。その代わりに舌を口の外に長く出したり、左右に動かしたり、舌先を丸めて動かしたりの「舌遊び」という無意味そうな行動を発現する（図1・12）。群飼する方式もあるが、仲間の臍帯や陰嚢をしゃぶり、相手に皮膚炎を起こさせたり、仲間の尿を飲んで食欲不振になったり、自分の胃のなかに毛玉ができたりと、かえって問題は拡大する。

わが国の牛肉生産方式は、霜降り肉の生産に象徴されるように世界の方式から大きくかけ離れており、ヴィール生産はほとんどない。古来より営々と続いてきた肉食禁止令が明治政府により否定され、肉食が推奨されたが、そこでの牛肉とは農耕用に使われたウシの老廃牛肉であり、硬いためにスライスして食べる牛なべやすき焼きとして食べざるをえなかった。その後、柔らかく、香味高い肉が求め

図 1.11　ヴィール子牛の単飼生産方式

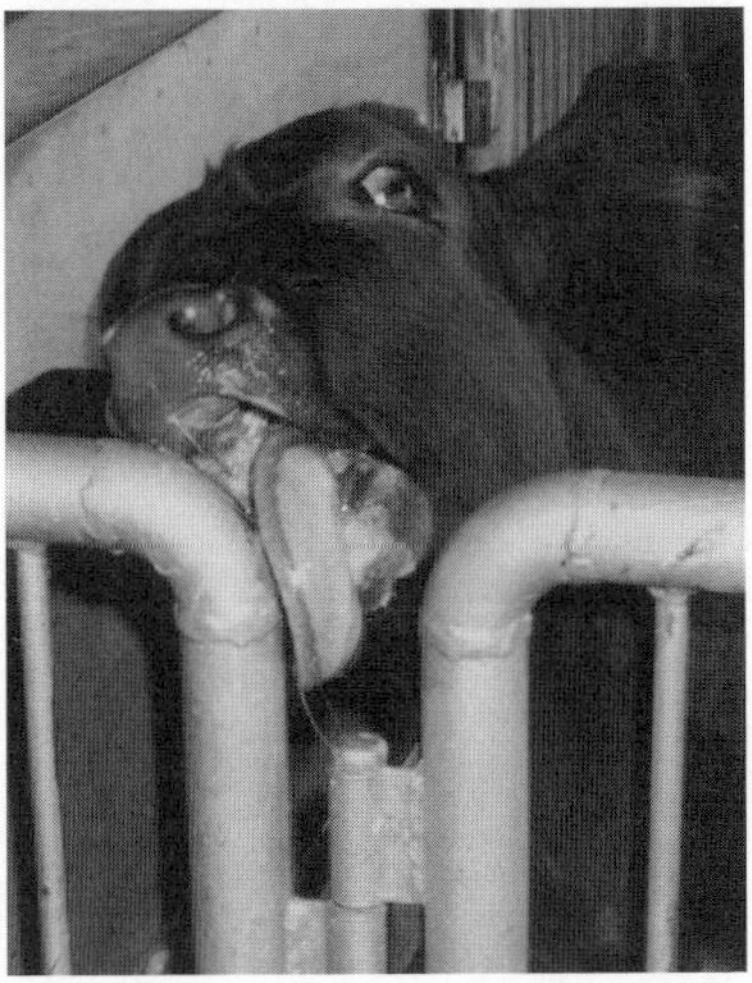

図 1.12　子牛の模擬舌遊び行動「異物舐め」

られ、筋繊維が細かく、筋肉中に脂肪が交雑する肉として追求された。それには、脂肪交雑（霜降り）が起こりやすい遺伝的性質をもつ黒毛和種を、高エネルギー飼料の給与により長期間肥育することが必要である。その結果、わが国の枝肉重量（屠殺後に頭・皮・内臓・肢先を除いた骨と肉からなる）は四〇〇キログラム以上にもなっている。世界の平均枝肉重量はその半分程度で、先進国では概して重いが、欧州では二六〇キログラム、北アメリカでは二九〇キログラム程度である。

この特殊肥育技術では、一三カ月齢くらいまでは乾草を十分給与するが、それ以降は肉に脂肪を入れ込む時期として飼料を極端に濃厚にし、ウシには反芻を促すため、粗飼料として必要な最低量の稲ワラしか給与されない。家畜共済統計表（平成一一年度）によると、肉用牛の治療件数は延べ一〇七万頭（四五パーセント）にもおよび、肥育牛の三・七パーセント（七万頭）が毎年死亡し、その死因は濃厚飼料の多給に起因する消化器病が四一パーセント、過密で閉鎖的な屋内飼育に起因する呼吸器病が二二パーセント、突然死である循環器病が一〇パーセントを占めている。わが国の黒毛和種肥育牛でも前述した「舌遊び」行動が出現するが、韓国の黄牛や欧州のフレックフィーなどの肥育においても、これはよく出現する。私たちが行った実態調査によれば、「舌遊び行動」の出現は、種雄牛に関しては黒毛和種で一〇〇パーセント、ホルスタイン種で六パーセント、肥育牛に関してはフレックフィー種雄牛で五九パーセント、黒毛和種去勢牛で七六パーセント、韓牛去勢牛で二二パーセント、雌牛に関しては黒毛和種で八九パーセント、ホルスタイン種で一七パーセントであった（図1・13）。それぞれ一カ所ずつの調査であるため断定的なことはいえないが、「舌遊び」異常行動は世界中でみ

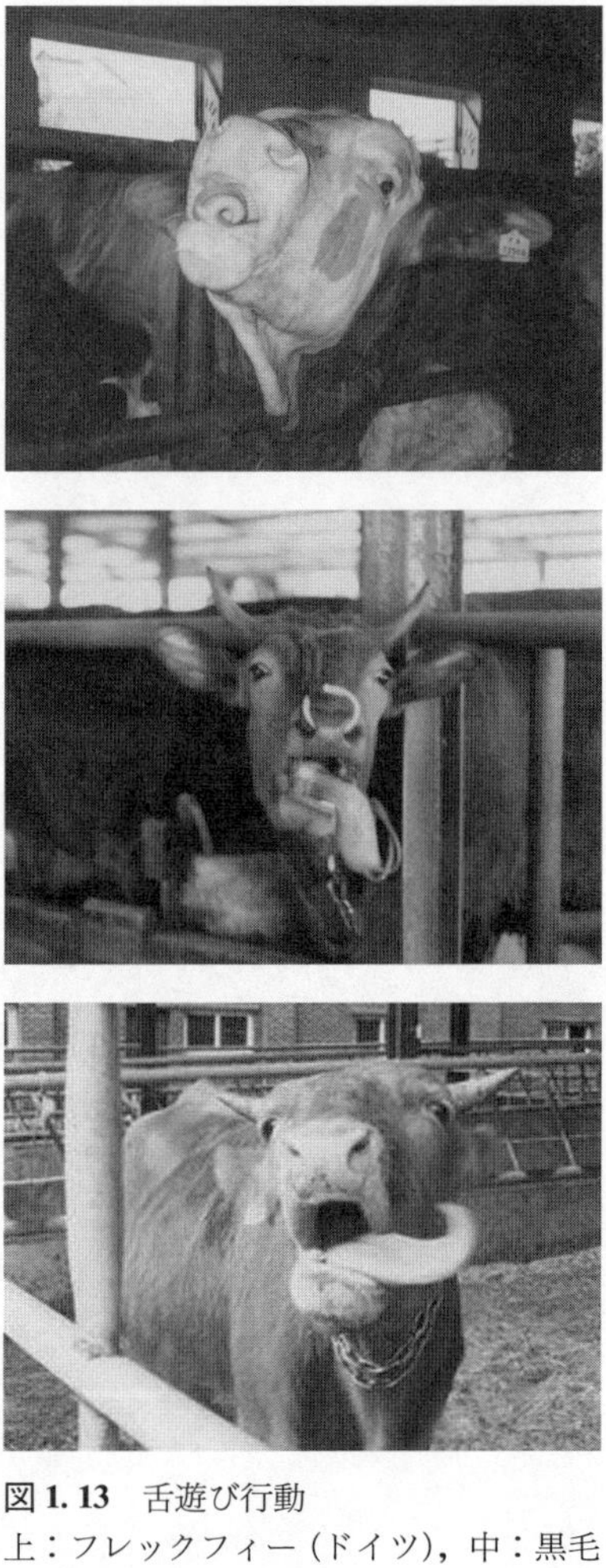

図 1. 13　舌遊び行動
上：フレックフィー（ドイツ），中：黒毛和種（日本），下：韓牛（韓国）．「舌遊び」行動といわれるウシの典型的な異常行動が世界中でみられる．

られ、黒毛和種で多く出現する傾向にあることが推察される。異常行動の出現は嫌われており、ウェルフェアレベルの評価指標のひとつとされている。

以上みてきたように、家畜に効率的な生産にいそしんでもらうため、近代畜産では目の前に餌をおき、食べた後は寝る生活を保障する飼育方式を開発してきた。そのなかで家畜は退屈し、たとえばニワトリは仲間の羽や尻をつついたり、砂もないのに砂浴び様行動をする。ブタは仲間の尾をかじったり、口のなかに餌が入っていないのに空咀嚼したりする。ウシは仲間の乳首や陰嚢をしゃぶったり、舌遊びをする。これらの奇異な行動は葛藤や欲求不満状態が長期間続くことで出現することから、西欧ではウェルフェア問題ととらえ、飼育環境の複雑化（エンリッチメント）を求めるのである。

生産性を極度に高められた家畜のウェルフェア阻害問題

種子のかたちが丸型やしわ型といった、メンデルが遺伝法則を発見したような質的形質に対し、身長や体重などの連続的な量的形質の遺伝の制御には、近代統計学・推計学の応用が必要である。畜産において、量的形質の科学的選抜は一九四〇年代以降ようやく開始された。家畜の世代間隔は最短でもニワトリで半年、ブタで一年、ウシで二年とマウス・ラットに比べて長いにもかかわらず、科学的選抜に加え、栄養学、獣医学、環境管理学の発展により、たった六〇年で家畜の生産能力は急激に上がった。しかし、一方で適応能力が追いつかないという矛盾を抱えることともなった。

ブロイラーでは、一九六〇年には一日増体重が一〇グラムであったものが、一九九六年には四五グラムにも増えた。いまでは一・八三倍の餌摂取により一・五カ月で体重は二・四キログラムにも増える。これだけ食べられるのは食欲中枢が変化し、満腹感が欠如したことによる。飽くことを知らず、空腹による欲求不満は行動にもあらわれる。選抜の副作用として生理的変化も起こっている。抗体産成能の低下、突然死、腹水症、脚弱にともない、死亡率が向上（一九五七年二・二パーセントから一九九一年九・七パーセントという報告もある）していることは明らかである。ブロイラーは体重が増加しているのに心肺機能は高まっておらず、常時低酸素の状態であるといわれている。繁殖機能にも変調をきたしており、排卵と卵殻形成のミスマッチからくる二黄卵、軟殻卵、無殻卵などの異常卵生産も多くなっている。また、胚の染色体異常、異常精子の増加などの報告もある。ブタは、おもに高増体と背脂肪厚の薄さで選抜されてきた。オランダの報告によると、一日増体量は一九七四年には六〇八グラムであったが、一九九五年には七二九グラムになり、六カ月で一〇〇キログラムにもなる。それは二・七九倍の餌を摂取することで達成されている。しかし、肘と膝の骨軟化症からくる脚弱の多発が副作用として起こり、畜産では重大な問題となっている。

乳牛は高乳量で選抜されてきた。オランダの報告によると、一九五〇年には一乳期（約三一〇日）あたり乳量は四〇二九キログラムであったが、一九九六年には一乳期の期間が三二五日に伸び、乳量は七二二〇キログラムになっている。わが国での乳量改良の歴史もほぼ同様である。最大一日乳量は分娩後四〜八週にみられ、それぞれ二〇〜三五キログラムである。後者では摂食した栄養分以上の泌乳となることもある。そのような負のエネルギーバランスは、代謝障害に起因した健康問題や不妊を引き起こす可能性を高める。高泌乳にともない乳房炎、ケトーシス（蓄積脂肪の分解にともないケトン体の過剰な増加により起こる病的症状）、乳熱（カルシウムやリンの代謝障害による分娩後の起立困難や起立不能）、および関節炎の増加が各国から報告されている。家畜共済統計表（平成一一年度）によれば、加入乳用牛一五九万頭中一二万頭（七・五パーセント）が毎年死亡し、その原因は関節炎中心の運動器病が二六パーセント、第四胃変異・鼓脹症・肝炎中心の消化器病が一八パーセント、ほぼ乳房炎である泌乳器病が一六パーセント、ダウナー症候群（乳熱の重篤症状）中心の妊娠・分娩器疾患が一五パーセント、ほぼ心不全である循環器病が一一パーセントであった。治療件数は延べ一三五万頭（八五パーセント）にもおよび、原因は死因と同様であった。

このように経済形質による選抜と健康性とのミスマッチは、健康性形質による新たな選抜により解決されなければならない。近年の分子生物学の進展やQTL（量的形質遺伝子座）解析などの手法は、形質と遺伝子の関係をより明確にしている。これからの家畜育種においては、経済形質と健康やウェルフェア形質の双方を同時に追求するマルチ・パーパス選抜が求められており、酪農先進地ではその検討が始まっている。

3　動物実験のなにが問題視されているか

一七七六年七月四日にアメリカで独立が宣言され、続いて一七八九年七月一四日にはフランス革命が開始された。一八世紀の西洋では平等思想が高揚し、人権が貴族から市民へと拡大した時期であった。同時にロマン主義も台頭し、新しい自然観のもとに野生・原野へのあこがれが形成され始めた時代でもあった。

一八五九年にはイギリスの博物学者チャールス・ダーウィン（C. Darwin）が『種の起源』を著し、動物と人間の形態的・行動的連続性を示した。さらに一八六五年にはフランスの生理学者クロード・ベルナール（C. Bernard）が『実験医学研究序説』を著し、動物と人間の解剖学的連続性を示し、動物は人間と断続する対立した存在から人間と連続する同胞的存在へと認識の大変革がもたらされた。そして、市民から女性へと権利は拡大し、さらに動物の権利への拡大という思想的大変革へつながっていった。ベルナールは医学における生体解剖の重要性を強調した著名な学者であったが、彼の妻と娘はフランス初の動物保護施設を開設し、生体解剖への反対運動を行った。

一八三五年、イギリスではビクトリア王女を初代のパトロンにして王立動物虐待防止協会（RSPCA）が設立されたが、それは当初から生体解剖を非難し、一八七六年には動物虐待防止法を成立させている。そこでは、例外実験を容認しながらも、脊椎動物の生体に対する苦痛をともなう実験を基本的に禁止した。例外とは、生理学的新知見を追求する実験や生命の保全・延命あるいは苦痛の排除にかかわる実験で、それらの実験は許可された人が登録された場所で動物に苦痛を与えない麻酔下で実施すること、さらに麻酔が切れた後に苦痛や深い傷が予想される場合には、麻酔が切れる前に殺処分することなどが規定されている。例外規定はあるが、学生実習、手術の訓練としての生体解剖も基本的には禁止された。この法律は一九八六年の動物（科学的処置）法成立まで有効であり続け、動物実験に対する基本的姿勢は一九世紀後半に確立していたといえる。新しい法律の新機軸は、実験動物を複数回使用することの禁止、殺処分の方法の規定、実験動物の供給条件と飼養管理基準、配慮すべき対象動物の拡大（胎仔や孵化中の個体およびタコを含む）などである。このなかで、実験動物の複数回使用を禁止しているが、動物の苦痛以上に命を重視する日本人にとっては、理解しにくい点のひとつともなっている。

ウェルフェア視点からの洗練された動物実験

われわれ人間の健康と延命に直接役立つ知見をもたらし、しかも動物に苦痛がない、あるいは弱いと考えられる場合に、動物実験は一般に受け入れられることになる。第二次世界大戦後、アニマルウェルフェアという観点から動物実験のあり方が議論されるようになった。

一九五四年、イギリスにある動物福祉大学連合（UFAW）という団体は、動物学者ウィリアム・ラッセル（W. Russell）と微生物学者レックス・バーチ（R. Burch）に、人道的動物実験について検討を依頼した。その結果、彼らは一九五九年に「人道的動物実験手法の原則」を著し、三つの原則を提示したが、それは四五年経過したいまでも色あせない原則となっている。三原則とは「置換 replacement」「削減 reduction」、そして「改良 refinement」であり、「三つのR」とよばれている。「置換」は、絶対的な置換と相対的な置換からなる。絶対的置換とは、動物実験には意識のある生きた脊椎動物を使うのではなく、意識のない（non-sentient）材料、すなわち高等植物、微生物（バクテリアなど）、後生動物の内部寄生虫（線虫など）、非生物の物理・化学物質を使うことである。相対的置換とは、除脳や神経細胞を壊したり、屠殺した後の脊椎動物を使ったり、培養細胞、組織、器官を使うことをいう。「削減」とは文字どおり使用する実験動物の数を少なくすることである。数を多くする目的は実験結果の誤差を小さくするためであるが、それは統計的手法による実験計画や、遺伝的・環境的条件を統一することによりコントロールできる。「改良」とは、動物に与える苦痛の軽減・排除への試みである。適切な保定、麻酔、熟練した手技、術後処置、さらには非侵食的手法が日々改良されている。これはウェルフェアの観点からだけではなく、「ストレスのかかった動物はよい実験動物にはならない」との認識がかなり普及してきた結果でもある。

遺伝子組み換え動物のウェルフェア

動物実験のウェルフェア問題は、これまで述べてきた三つのRという方向で検討されてきた。ところが、一九八〇年に遺伝子組み換えマウスが作出され、一九九七年には愛らしいクローン羊のドリーが誕生したことにより、様相は一変した。新たな実験動物の世界が創設されたのである。イギリスでは動物（科学的処置）法によりすべての動物実験がチェックされているため実数が公表されているが、遺伝子組み換え動物実験は全動物実験中一三パーセントを占め、三五万件に上るとされている。これほどまでに期待されるのは、遺伝子組み換え技術が、①ヒトの病気に関するモデル動物や毒性テスト用動物を、従来の自然発生による突然変異や長期の選抜に頼らずに、より簡単・確実につくれる可能性がある、②医学的に重要なタンパク質を生産するために培養細胞などを使ったバイオリアクターを用いると、高額の費用がかかり、またそれを維持するのは困難だが、バイオリアクターに頼らずにそれらのタンパク質を動物の乳中・血中でつくれる可能性がある、③移植用の器官や組織をヒトの臓器ではなく、動物から提供できる可能性がある、そして④畜産物の生産が飛躍的に向上する可能性があるからである。

このように、遺伝子組み換えとは期待する性質を得る目的でDNAを追加・除去する技術である。遺伝子組み換えには、細く引き伸ばしたピペットで直径一ミリメートル以下の受精卵に必要な遺伝子をもつDNA断片を注入し、染色体に取り込ませる方法と、胚盤胞期の受精卵の一部でさまざまな組織に分化できるES細胞（胚性幹細胞）にDNA断片を導入し融合させ、それを胚とキメラ化させる方法が使われる。いずれにせよ遺伝子組み換え動物の作出には、数多くの細胞を提供するドナーとそれを育むレシピエント・代理母が不可欠である。試験管内で操作された胚がレシピエントに移植された場合、受胎期間が長く、胎児の体重は過重となり、異常産・難産・流産・死産が高率でみられる。

わが国はクローン牛の最大の生産国である（図1・14）。農水省の報告によると、これまで一〇〇〇頭近いクローン牛が誕生し、死産・生後直死・病死・事故死はそのうち三九パーセントにも達しているという。ドナーの過排卵処理における苦痛やレシピエント・代理母の妊娠などにかかわる苦痛はウェルフェア問題である。作出された遺伝子組み換え動物に対するウェルフェア問題も山積する。遺伝病などを目的に作出された場合、その問題は仕方ないとしても、ほとんどの場合、遺伝子組み換えの副作用として苦痛があることが指摘されており、ウェルフェア観点からの技術の洗練が求められている。非常に有名な例は、一九八九年にアメリカの科学雑誌「サイエンス」に掲載されたもので、ベルツビルにあるアメリカ農務省の農業研究所でのウシ成長ホルモン遺伝子を組み込まれたブタの悲劇である。目的どおり、体重の一日平均増体量は一〇～一五パーセント増加し、単位体重増加に要する給与飼料は一六～一八パーセント低減したが、副作用として嗜眠、歩行異常、眼球突出、皮膚硬化が

図 1. 14　クローン牛（畜産草地研究所の赤木悟史博士より写真提供）

みられ、内科的には胃潰瘍、滑膜炎、心筋症、皮膚炎、腎炎、肺炎が高率で発現した。このような副作用はほかの目的でつくられた遺伝子組み換え動物にも多かれ少なかれ発生しており、ウェルフェア問題として注目されている。

「ヒトと動物との共生」思想は、西欧ではアニマルウェルフェア運動として、わが国では生きとし生けるものに対する慰霊として、そして狩猟民たちは動物への畏敬として、それぞれの文化により営々と築かれてきた。しかしながら、遺伝子組み換え動物の作出は、「ヒトと動物との共生」思想を根本から覆す可能性を秘めているともいえる。

以上、欧米人は動物の飼い方のなにを問題にし、どのように対応しようとしているのかを感じていただけただろうか。さらに、日本人と欧米人では動物への配慮の仕方に若干の違いがあることも感じていただけたかと思う。応用動物行動学者たちは、アニマルウェルフェア倫理を科学の俎上に乗せることにより、主観の客観化を目指した。次章では、彼らの四〇年間の努力を紹介したい。

第2章 「かわいそう」を科学する

アニマルウェルフェア発想の動機となった主観は、古くは生体解剖される実験動物や労役で酷使される家畜の「もがき」や「わめき」（苦痛）に対する「かわいそう」という感情である。最近では、狭くて単純な環境である檻のなかで、クマがうつろな目をして、とりつかれたように同じところを行ったり来たりし続ける行動（常同行動――苦悩）に対しても「かわいそう」という感情をもつ。主観は客観化されたときにはじめて、他人の行動を合理的に規制できる理性となり、法律として昇華する。西欧ではその作業を四〇年にわたり続けてきた。

1 「殺す」ことをやめるのではなく、「苦痛・苦悩」を排除する

人間のウェルフェアを改善するために強い影響をもつ医療や食肉目的での動物利用は、第1章でも述べたように、人間の思想としては許容性が高い。動物を利用する目的の妥当性をその時代その時代で問い直すことはつねに重要である。アニマルウェルフェア運動は、動物を利用する場合に生じる「かわいそう」という感情を軽減する努力が中心であり、「かわいそう」感情が生じる行為を制御することを求めている。西欧人の「かわいそう」感情を形成してきた思想文化は、功利主義といわれている。一九世紀初期にイギリスの法学者ジェレミ・ベンサム（J. Bentham）により提唱された功利主義とは、「最大多数の最大幸福」を中心とする学説であり、「平等」はもっとも重要な原則である。意識ある存在（sentient being）にとっては、「幸福」の中心は「苦痛・苦悩を弱め、喜びを増やすこと」にある。「幸福」に関する倫理対象を決める境界は苦痛、苦悩、喜びなどの情動の有無であり、人間であるか動物であるかではない。功利主義のもとにアニマルウェルフェアの理論化を試みるピーター・シンガーによれば、意識ある動物（sentient being）であっても自意識がない動物では、死は意識の終わりでしかなく、意識の継続への希求がないので死は利害とはなりえない。すなわち、アニマルウェルフェアの観点からは、動物の死への配慮は不必要であるということになる。この論理の帰結のひとつに、西欧人のもつ安楽死への許容性の高さを見出すことができる。

このように西欧人の「かわいそう」感情は、他者の「苦痛・苦悩」への共感から生じるといえる。他者の「苦痛・苦悩」への共感情動は、自分の「苦痛・苦悩」への主観からの類推によるものである。「苦悩」は精神的な苦痛であるが、これは次節にゆずり、まず肉体的苦痛を考えてみたい。痛覚にかかわる受容器からの末端情報は、大脳で文化・思想・体験などにより影響され知覚される。したがって、共感情動という主観も個々の文化・思想・体験により異なることとなる。「同類の人間でもない動物に対してなぜ共感情動が生じるのか」は非常に大きな疑問であるが、それは第5章にゆずろう。ここでは、それぞれの個人間でゆらぎの多い「苦痛主観」をどう共通化できるか、客観化できるかを考えてみたい。

苦痛はなぜ生じるのか

アメリカ・ミネソタ大学の生理心理学者であるロバート・マリソン（R. Murison）とブルース・オバーマイアー（B. Overmier）は一九九三年に、胃潰瘍の発生におよぼす心理的要因について興味深い研究を発表している。ラットを冷たい水に長時間浸すと、体温は低下し、胃潰瘍が発達する。そこで、彼らはラットを金網の筒に入れ、一九度の水を用意し、そこに一時間一五分浸す実験をした。一方はそのまま浸け、他方は筒に入れる一〇分前に、深い無意識状態をつくりだす麻酔薬ペントタールを適量注射した。水浸後、ラットは各自のケージに戻され、一時間一五分の休息を与えられた。最後に安楽死させられ、胃潰瘍の状態が調べられたのである。すると、両方のラットともに、通常三三度程度の体温が、水浸後にはそれぞれ二五度と二四度に低下した。麻酔をしないで浸けたラットでは胃潰瘍が二四ミリメートルにも達したが、体温は休息中に平常時に回復した。一方、麻酔して浸けたラットでは胃潰瘍は発達しなかったが、休息後に体温は回復しなかった。すなわち、冷水への水浸により苦痛が生じ、その苦痛は胃潰瘍という病的症状をもたらしたが、同時に体温低下という、より危急的状況への対応ももたらしたといえる。

このように、「苦痛」とは危急を認知し、その状況から逃れる動機として作用する。「苦痛」は、生物にとって適応的意義のあるきわめて重要な情動として進化した形質であることがおわかりいただけただろうか。したがって、反射的行動しかとらない生物以外では、どの動物でも「苦痛」主観が存在すると考えるのは妥当であると考えられる。

解剖学的にも、動物には「苦痛」主観がありえることが示唆されている。私たち人間には痛覚受容器といわれる物理的・化学的・熱的刺激のいずれに対しても反応する原始的な感覚受容器があり、ここからの情報が脊髄を上行して中枢へ到達し、苦痛感情が発生する。このような痛覚受容器とその上行路は、爬虫類よりも大脳が発達する動物ではかなりヒトと類似し、それらの動物には「苦痛」主観が存在することが類推される。

内分泌的にも「苦痛」主観の存在が示唆されている。一九七〇年代後半から痛覚を抑えるオピオイドペプチド（内因性麻薬様物質）が種々発見されたが、それは両生類や魚類でも発見されている。侵害刺激に対して魚類は「もがく」が、モルヒネがそれを抑えることから、魚類にも苦痛情動があるこ

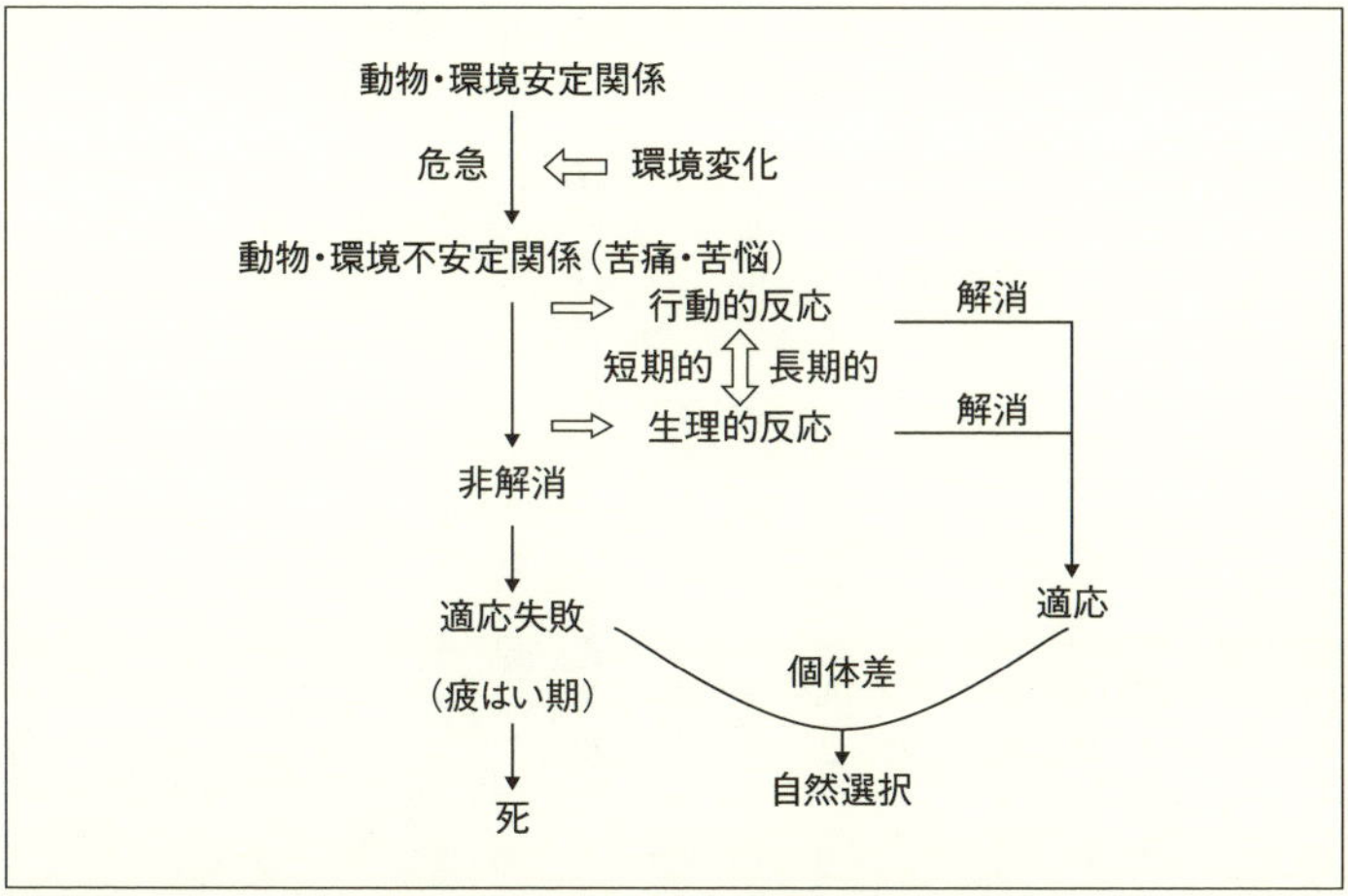

図 2. 1　動物における危急，苦痛，その解消反応
（McBride, 1979 を一部改変）

とも示唆されている。両生類や魚類にどの程度の「苦痛・苦悩」主観があるのかは論争中であるが、現時点では両生類と爬虫類との間あたりに、アニマルウェルフェア倫理の対象に対する線引きがあるのかもしれない。

他者の「苦痛」をいかに客観的にとらえるか

前項で述べたように、「苦痛」とは危急を認知し、その状況から逃れる動機をつくるのに有効な形質として、進化のなかで残ってきた情動である。動物とは、取り巻く環境がつねに変化するなかで、体温や体液などの内部環境を一定の範囲内に保ち（「恒常性」という）、自分を長生きさせ、次世代を増やしていく存在である。そのような動物にとって危急とは、図2・1に示すように、動物と環境の安定した状態が不安定になる状況で起こる。動物はそれを解消するために行動し、生理的変化を起こす。その努力が報われれば適応であり、報われなければ最終的には死に至る。このような生体側の反応をストレス反応という。したがって、「苦痛」を客観的にとらえるとは、「苦痛」によって発現してくる行動的・生理的ストレス反応を客観的にとらえることといえる。

「苦痛」を感じたときのもっとも重要な反応とは、その状況を排除すること、あるいはその状況から逃れることである（Fight-Flight 反応）。同時に、仲間に知らせるために大声をあげたり、激しく動いたり、あるいは仲間に助けを求めるために身を寄せたりする。これらの行動は、過去に「苦痛」を感じたときにとった行動の効果を思い浮かべながら、柔軟に使い分けられる。生理的な変化としては、自律神経系が覚醒されることから、アドレナリンや副腎皮質刺激ホルモン（ACTH）、コルチコステロイドなどの関連ホルモン分泌に変化が起こる。その結果、瞳孔は拡張し、血圧は上下降し、発汗し、心拍・呼吸が速まり、体温は上昇し、皮膚温は変化し、立毛したりする。すなわち、早急に行動できるように生理的興奮状態をつくるのである。これらの初期反応によって「苦痛」が解消されない場合、苦痛は苦悩となり、行動は葛藤行動や異常行動といわれるかたちとなって、生理は慢性的な緊張状態の形成となって変容する。初期的反応と長期的反応をトータルとしてとらえることで、アニマルウェルフェアを客観的に評価しようと欧米人は考えている。

苦痛に対する初期の行動や生理反応は短時間に起こるため、それらをとらえるのは非常に困難である。しかし、初期の行動や生理反応はアニマルウェルフェアが阻害される状況の第一歩の表現であり、アニマルウェルフェアを守るにはきわめて重要である。熟練した動物管理者は、日々の観察のなかからその表現をけっして見逃さずに対処することから、アニマルウェルフェアの保障には管理者の質が重要であると強く指摘されている。

「苦痛」を感じたときのもっとも重要な行動は、その状況から逃れることである。そのため、動物に状況を選ばせるという心理学的手法も有効である。自由に選択させれば、動物は苦痛のない状態を選ぶはずという論理にもとづき、種々の飼育環境を提示し、動物が選択した行動から苦痛性を判断しようとするものである。大きく二つの方法がある。第一の方法は、二つ以上の飼育環境を選ばせ、利用時間の差で判断する方法である（図2・2）。第二の方法は、オペラント条件づけという学習方法を利用したもので、動物にエアコンのスイッチのようなものを与え、温度調節をさせたり、床材を選ばせたりする方法である（図2・3）。

当然、提示した環境しか選べないので、選ばれた環境はベストなのか、短時間でも使われた環境は無意味なのかとか、一時的に選ばれた環境が一生選ばれるのか、などの疑問も出されている。また、選択させる場合の通路に細工をし、距離を長くしたり、風をあて吹きさらしにしたり、床に通電したり、スイッチを数回押さないと反応しないようにした場合、選択する行動はどうなるのかを調べて欲求の強さを判断する方法もある。

ニュージーランド農業研究所のリンゼー・マヒュー（L. Matthews）とドイツ農業研究所のイアン・レドウィック（J. Ladewig）は、ボタンを押すことで「餌がもらえる」「仲間と遊べる」、そして「運動ができる」ことをブタに教え、それらの報酬を獲得するのに必要なボタン押し回数を一回から

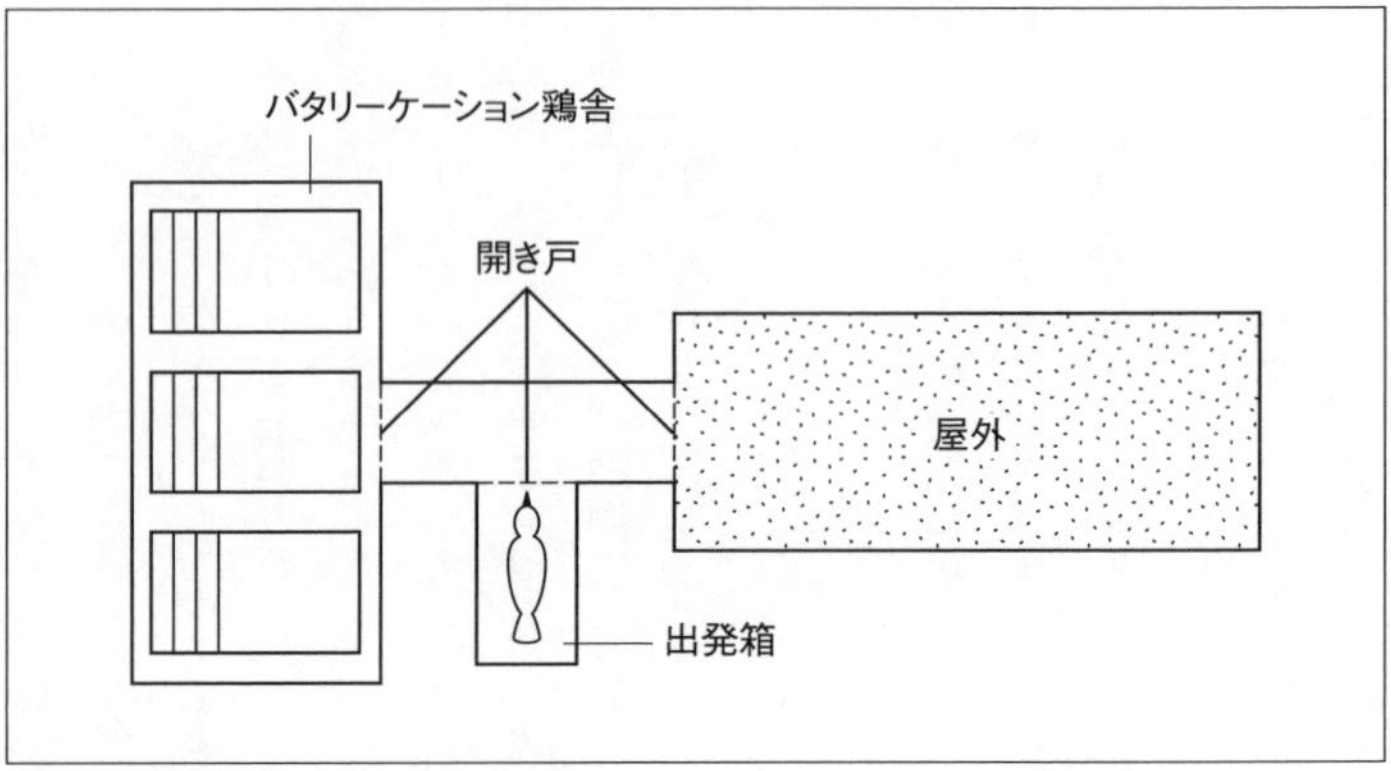

図 2. 2　選択行動による飼育環境調査（Dawkins, 1977 から描く）
左右の場所を自由に選択させる調査法.

図 2. 3　オペラント条件づけ法（Wood-Gush, 1983 から描く）
この図は，上のボタンを押すと下の開口部に餌が落ちてくることを学習させる装置であるが，同じようにボタンを押すことで「ワラ床になる」や「仲間と会える」などを連合させることも可能である.

三〇回まで増やす実験を行った。「餌をもらえる」という報酬の場合には、ボタン押し必要回数を三〇回まで増やしても同じ数の餌を獲得し続けるのに対し、「運動ができる」という報酬の場合には、ボタン押し必要回数を増やすにつれて「運動」は求めなくなり、一〇回程度のボタン押し必要回数でブタは反応しなくなった。「仲間と遊べる」という報酬の場合には、「餌をもらえる」と「運動ができる」場合の中間の反応で、ボタン押し必要回数を増やすにつれて「仲間」は求めなくなるが、三〇回まで増やしても求める回数は少なくなるものの、まだ反応するという結果であった。この結果から、応用動物行動学者はブタの欲求は「餌」「仲間」「運動」の順で低くなると考え、さらに減衰の傾きから欲求の相対的程度も判断するのである。

2 苦悩をどのような方法でとらえるか

胃潰瘍に対する心理的要因の影響を調査したもうひとつの興味深い実験が、一九七二年にアメリカ・ロックフェラー大学のジェイ・ヴァイス（J. Weiss）により報告されている。ラットに電気ショックを与えると胃潰瘍が発達するが、心理的状態を変えた場合、その発生程度はどうなるかを調査した。あるラットには、電気ショックを与える一〇秒前にショックの合図としてブザーを聞かせた。対照区ではブザーに関係なく電気ショックが与えられた。すると、同じ電気ショックを受けたにもかかわらず、合図のあるラットでは胃潰瘍の長さは六分の一にも軽減した。つぎの実験では、電気ショックを受けても、目の前のホイールを回すとショックは中止できるという学習をさせると、胃潰瘍は軽減された。しかし、学習後にホイールを回しても電気ショックを回避できない状況にすると、電気ショックだけを与えられた対照区の倍の胃潰瘍が発達した。このように、動物は危険を察知できるが、危険がいつくるのかは予知もできず、回避するすべもないとき、胃潰瘍はより発達する。そのときの心理的状態（情動）を「苦悩」という。

苦痛・苦悩評価とはストレス評価である

「苦悩」と「苦痛」情動は同じ行動的・生理的反応をもたらすと考えられている。すなわち、ストレスである。ストレスという言葉は一般にもよく使われるので、前節では科学的な定義を示し、初期の緊急反応について述べた。緊急反応（Fight-Flight 反応）に効果がない場合、図2・4に示すように行動的・生理的反応はつぎのステップに進むこととなる。さまざまなホルモンの分泌量が変化し、免疫性が低下し、胃腸に潰瘍が発達し、覚醒不安状態となり、常同行動が出現するのである。それぞれの項目が評価指標となるので、簡単に紹介する。

苦悩を生理的に評価する

ストレス反応には大きく三つのルートがある。第一のルートでは、脳の中心部にありホルモンのコ

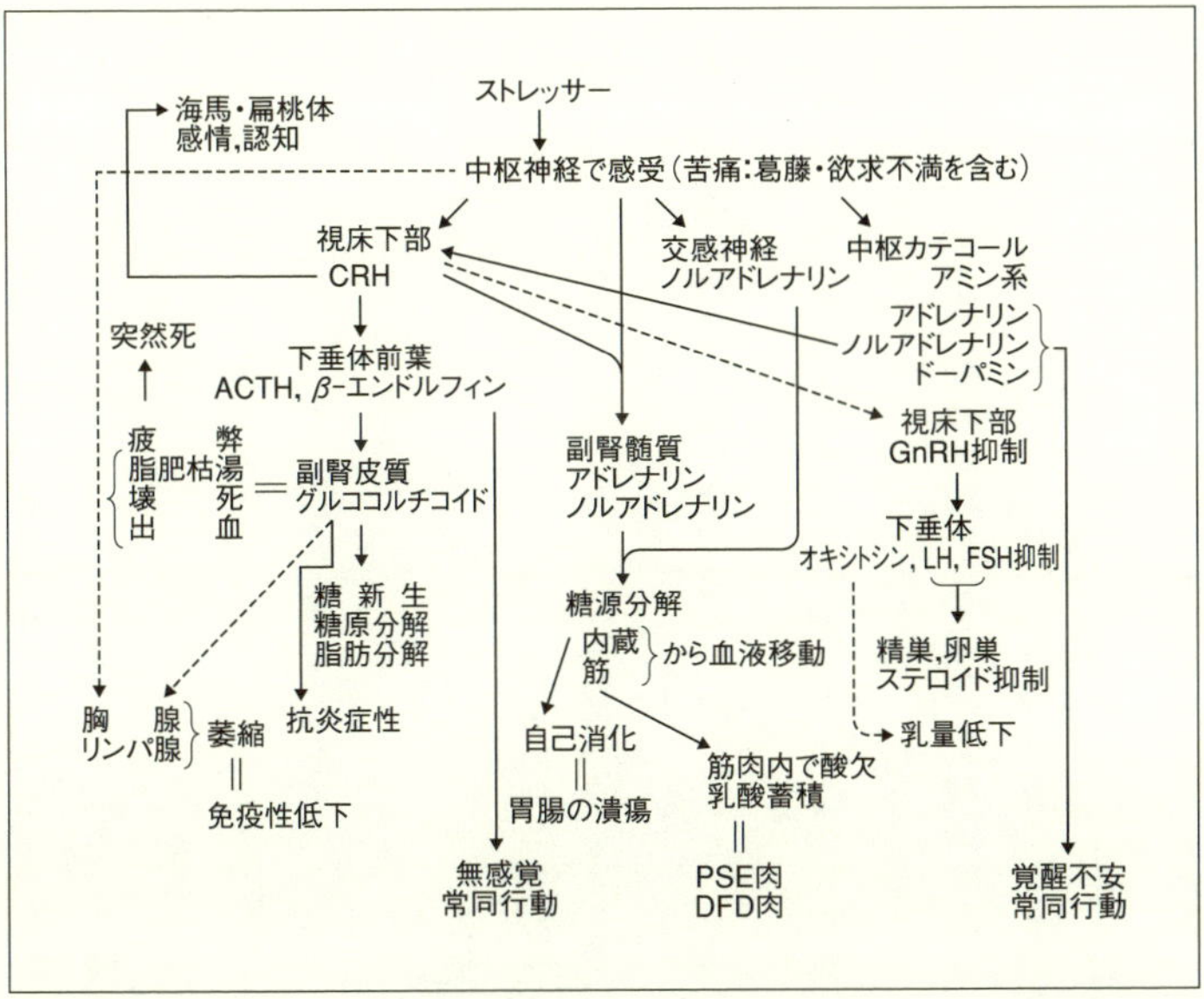

図 2.4　ストレッサーに対する動物の行動的・生理的反応（実線は促進，点線は抑制）

ントロールタワーといわれる視床下部へ情報が伝達され、副腎皮質刺激ホルモン放出ホルモン（CRH）→副腎皮質刺激ホルモン（ACTH）→副腎皮質グルココルチコイドの分泌が活性化される。グルココルチコイドはタンパク質や脂肪からグリコーゲンをつくり（糖新生）、免疫系や性腺系を抑制する。そして副腎皮質への過度の負荷は、突然死を誘発することにもなる。さらに、β-エンドルフインも同時に分泌され、それは内因性麻薬物質として全身性の無痛覚を引き起こすと同時に、ドーパミン系の抑制を解き、覚醒、快感、ついには常同行動を誘発する。

　第二のルートは、交感神経→副腎髄質系の活性化である。副腎髄質からおもに分泌されるホルモンはアドレナリンである。アドレナリンは肝臓や筋肉に作用してグリコーゲン（糖原）を分解し、グルコースを放出させるため、血糖値が高まる。また、内臓や筋から血液を引き上げてしまうため、動物に胃腸潰瘍を起こす。これは商品価値がほとんどないＤＦＤ肉（色が黒く、硬く、弾力に富み、肉表面が乾燥した様相を呈する肉）生産の原因となる。西欧では、ＤＦＤ肉の多さはストレスがもたらす深刻な畜産問題となっている。

第三のルートは、中枢でのカテコールアミン神経核の活性化である。それは覚醒や不安をもたらし、葛藤行動を出現させ、繰り返されることで反応は鋭敏化し、常同行動の発現につながる。これらの変化は、長期的に活動できるように生理的体制を整えているといえる。このように変化する各物質の濃度や挙動を調査することで、「苦痛・苦悩」は生理的に評価できるのである。

苦悩を葛藤行動から評価する

第二の評価法は、緊急的な行動が無効な場合に出現する行動、すなわち苦悩時の行動を指標とするものである。そのような状況を葛藤・欲求不満といい、動物は特殊な行動をとる。それらは転位行動、転嫁行動、真空行動といわれるものが典型的である。そのほかには、飛ぼうか留まろうかと葛藤した場合、ニワトリがうずくまり行動を繰り返すなどの意図行動、慣れない飼槽で餌を与えられたときに、腰を引きながら頭だけ飼槽のほうに伸ばす行動（両面価値行動）、両面価値行動に似るがひとつの行動パターンとして固定化した折衷行動（顔は正面を向いて攻撃的であるのに、体は半身で逃避的であ

図 2. 5　ウシの折衷行動としての「にらみ」姿勢（ミュンヘン動物園にて）

るウシのにらみ行動〔図2・5〕など）、慣れない飼槽での給餌のときに、飼槽へ行ったり来たりを繰り返す行動（振り子行動）などがある。

転位行動とは、苦悩を直接解決しようとする行動とはほとんど関係のない行動をいい、対立する二つの動機がたがいにその出現を抑え合い、ほかにはけ口をみつけて流れていくという発想から名づけられている。たとえば、突然スピーチを頼まれ、壇上に上らなければならないのに、内容が浮かばず逃れたいような状況で、ヒトがよく頭を掻いたりする行動のことである。ウシでは力が拮抗する相手との喧嘩の最中に突然草を食べだしたり、ニワトリでは突然地面をつつきだしたりする。一般に掻く、噛む、舐める、身震いなどの身繕い行動やあくび、摂食（異嗜も含む）、睡眠としてあらわれる。これらの行動は苦悩による心理的興奮を沈める機能があるともいわれている。

転嫁行動とは、苦悩を解消する直接的行動のひとつが出現するが向ける対象が異なる場合をいう。喧嘩の強い個体から攻撃された場合に、ものや喧嘩の弱い個体にやつあたりして攻撃する行動である。現代の養豚にみられる「尾かじり」は、ブタが濃厚飼料とコンクリート・スノコなどの単純な床で飼育された場合の環境探査行動の転嫁行動と考えられている（図2・6）。カニバリズム（仲間を食う行動）であるため、問題である。放牧中のブタは一日あたり六〜七時間かけて土を掘り返し、そのなかから昆虫、ミミズ、植物の根などを探り、食べる。現代畜産ではねり餌などで飼育しているので、摂食には三〇分しかかからず、その時間差が転嫁行動を誘発させる原因ではないかと考えられている。

腹は十分に満たされていても、食べるという行動の実行が不十分な場合に、「苦悩」することが示唆される。哺乳具で子牛を育てる（人工哺乳）と「臍帯吸い」をよく行うが（図2・7）、これは吸乳行動の転嫁と考えられている。吸われる側は炎症を起こし、吸う側は毛を飲み込み胃内に毛玉をつくり、消化不良を起こしてしまう。成牛になっても続き、ほかの乳牛から吸乳してしまう場合もある。母牛に育てられる自然哺乳では、一日数回に分けて一時間、六〇〇〇回程度母牛の乳頭を吸う。そして、乳汁の摂取をともなう真の吸乳と、乳汁の摂取をともなわないおしゃぶりを半分ずつ行う。人工哺乳の場合、一日二〜三分程度の真の吸乳で事足りる。その時間差とおしゃぶりをさせないことが仲間への「臍帯吸い」の原因と考えられる。おしゃぶりをすると、インシュリンやコレシストキニン（消化管ホルモン）の血中濃度が高まること、おしゃぶりをよく行うウシでは慢性ストレスの生理的指標（好中球数／リンパ球数）が低くなることなどから、「臍帯吸い」も適応的意味があるといわれ

図 **2. 6**　ケージ飼育の子豚による「尾かじり」行動

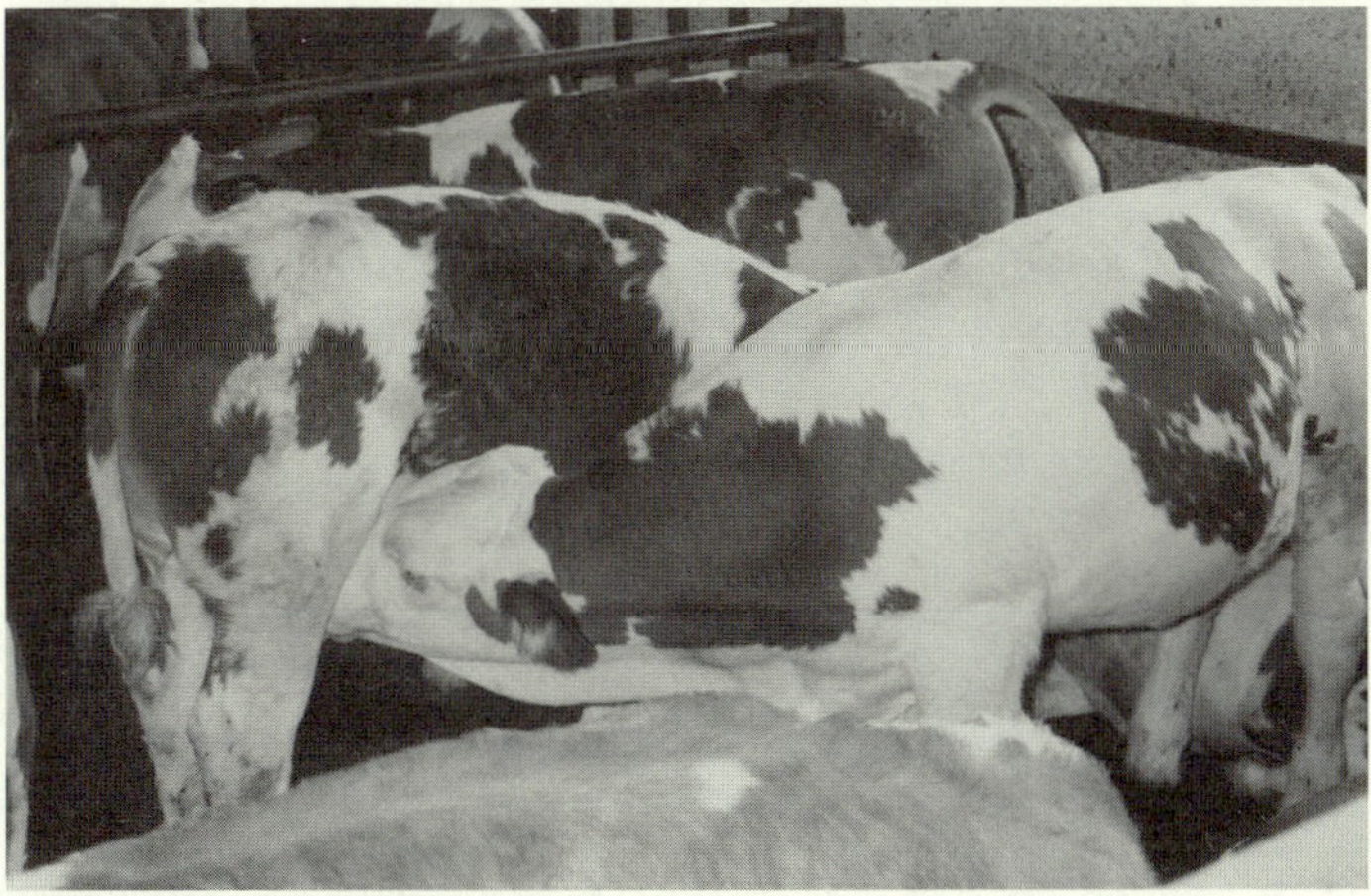

図 **2. 7**　ウシの「臍帯・包皮吸い」行動
相手が雌の場合には，臍帯に加え乳房や外陰部なども吸われる．

ている。しかし、吸う個体にとっては意義（消化性や鎮静効果）があったとしても、吸われる個体にとっては有害であるため、空のニップル（人工乳頭）をしゃぶらせることが提案されている。一方、吸引は臍帯よりも尿の出る包皮や外陰唇に対して行われることが多いことから、液体の分泌が重要であるとする報告もある。

ニワトリの他個体への「つつき行動」も、摂食行動の転嫁行動と考えられている。放牧されたニワトリは、日中の半分は摂食行動を行い、一万四〇〇〇〜一万五〇〇〇回くらい地面をつつく。ケージ飼育では餌へのつつきが限られるため、給餌樋、ケージ、床、脚輪などに加え、仲間へのつつき（羽つつき、尻つつき）をよく行う。つつきは喧嘩の弱いニワトリへの攻撃となり、カニバリズムにもつながる。ケージに遊具をつけたり、床にワラを入れたりしてつつきを誘発させると、カニバリズムが減り、死亡率も低くなり、卵生産が多くなったとする報告もある。飽きにくい遊具や餌の混入したワラがより効果的である。

真空行動とは、対象なしに行動だけが出現することをいう。たとえば、ニワトリが砂もないのに砂浴び行動をしたり、ニワトリやブタがワラもないのに巣づくり行動をしたりすることをさす。真空行動として出現するのは、内的に強く動機づけられていることを意味する。ブタに完成された巣を与えても巣づくり行動は抑えられないし、巣の材料もあまり選ばない。すなわち、行動すること自体が重要な意味をもつのである。母獣に巣づくり行動をさせることにより、子どもを舐めたり、注意を向けたりする母性行動が促進され、子育て率が向上し、仲間への敵対行動が少なくなる。真空行動が出現

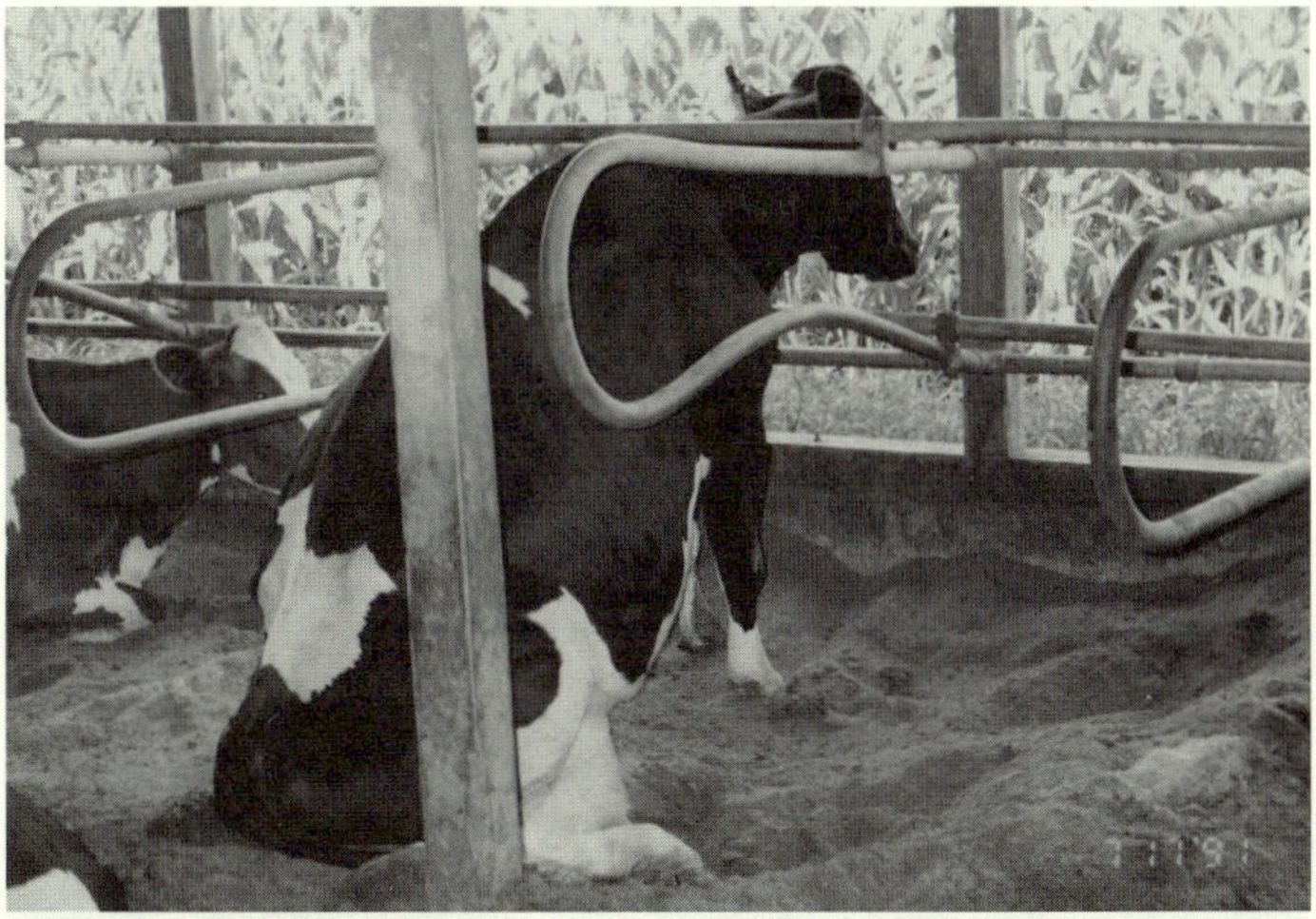

図 2.8　ウシの変則行動である「犬座姿勢」
通常の起きたり寝たりする動作のなかでは，このような姿勢はみられない．

するのは、強い要求があるためとみなされるので、それらの要求を満たせる環境を与えることがウェルフェア改善の中心課題（環境エンリッチメント）となっている。

苦悩を異常行動から評価する

苦悩が長びいた場合、すなわち緊急行動や葛藤行動をしても効果がなかった場合、原因と直接関連なしに特化した行動が出現し、永続的に固定化する（「異常行動」という）。異常行動には、常同行動、変則行動、異常反応、異常生殖行動などがある。常同行動は、たとえば動物園のクマが行ったり来たりするような行動であり、どのような意味があり、なにをしようとしているのか明確ではなく、また様式が一定し、長期間繰り返される行動のことである。変則行動は動物が元来もつ行動様式の変調である（図2・

図 2.9　ラマ（上）とウマ（下）の「さく癖」
上の切歯を棒に引っかけ，空気を飲み込む．

8）。異常反応は反応性の異常、つまり無関心や過剰反応であり、異常生殖行動は子殺しや授乳拒否などの行動である。

常同行動は動物種ごとに特有な様式で行われる。ウシでは人工哺乳、乾草などの粗飼料の給与制限、繋ぎ飼い、一頭飼いなどでよくみられる。ウシの常同行動には、舌を口の外に長く出したり、舌を左右に動かしたり、舌先を丸めたりする動作を長時間行う「舌遊び」（図1・13参照）、柵、餌の入っていない飼槽、飲水器の付属物、水の表面、塩のブロックなどを常同的に舐め、そのときの舌の動きが、舌遊びの動作に類似している「異物舐め」（図1・12参照）、繋ぎ飼いで持続的に左右の前肢を交互に踏み換え、体を揺らす「熊癖」がある。ウマやラマでは上顎の切歯を突起物に引っかけ顎を引き、ときには空気の飲み込みをともなって音を出す「さく癖」（図2・9）、馬房やパドックをだいたい同じ方向にぐるぐる回り続ける「回遊癖」、そして「熊癖」がある。ブタでは転嫁行動や真空行動の常同化した「柵かじり」（図1・9参照）や、口のなかに餌が入っていないのに噛み続ける「偽咀嚼」がある。ヤギでは頭を上に反らし、回転させる「頭回転」がみられる。ヒツジでは「頭回転」のほか、同じところを行ったり来たりして、前後に体をゆする「往復歩行」がある。ニワトリでは「頭上下」「頭振り」「往復歩行」がある。「頭上下」は定型的な頭の上げ下げ、「頭振り」は頭をたえず左右に振り続けたり、傾けたりする行動である。「往復歩行」はケージ内で体を左右に振りながら足踏みをする行動で、「頭上下」や「頭振り」をしながら脱出行動につながることが多い。

常同行動を行うウシは呼吸器病が多く、体重も増えないし、繁殖性も低い。ブタは副腎皮質反応が

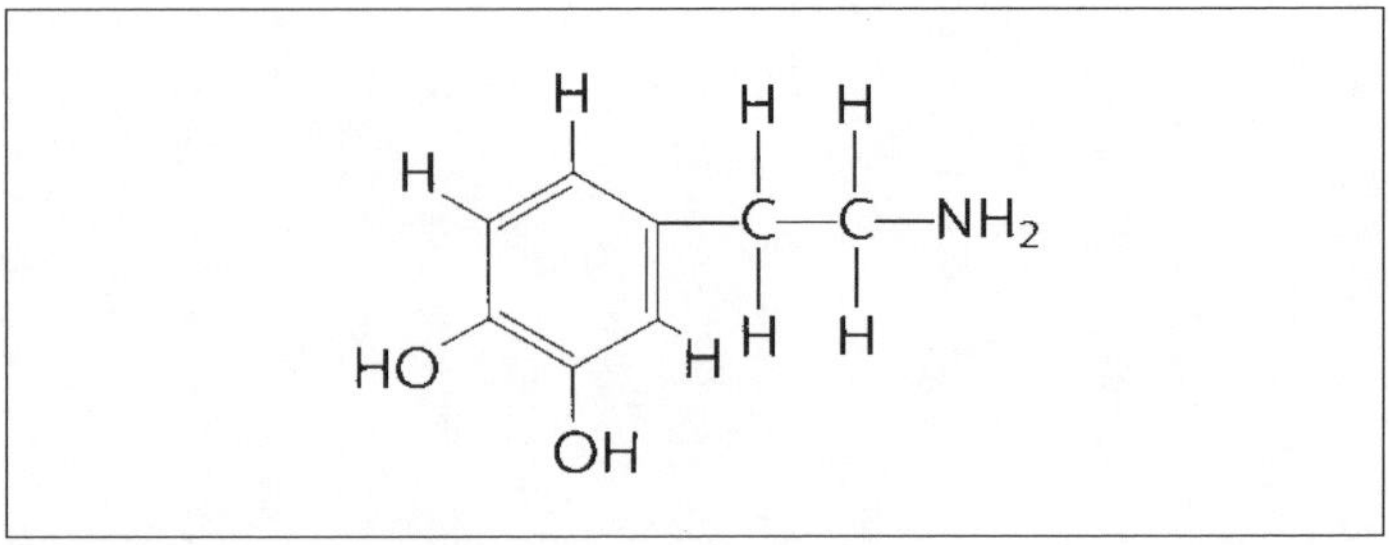

図 2. 10　ドーパミンの構造式

高く、苦悩も解消されていない。このことから、常同行動は環境への不適応の表現とみなされている。一方、常同行動を実行すること自体がストレスを抑えるという可能性も指摘されている。アンフェタミンという覚醒剤は常同行動を発現させるが、それは同時にストレスにもなり、副腎皮質ホルモン分泌を促進させる。しかし、ひとたび常同行動が発現すれば、副腎皮質ホルモン分泌は減少する。このように、常同行動を行うとストレスを和らげるとともに、交感神経の興奮は抑えられ、心拍数が低下することも知られている。また、常同行動をよく行うウシでは胃潰瘍が少ないなど、ストレス関連の生理的指標が抑えられたという報告や、常同行動をよく行うヤチネズミは不適切環境でも気にしないで生活するようになるという報告もあり、常同行動は不適切な環境に対する適応行動であるという見方もある。

常同行動は無髄神経系の過剰活動、とくにドーパミン系が関与しているといわれている。ドーパミンのベンゼン環から水酸基をとったものが覚醒剤（アンフェタミン、ヒロポン）であるが（図2・10）、それは脂溶性（脳-血液関門を通過）であるため、末梢投与で脳まで届き、常同行動を発現させる。また、カテコールアミンと類似の構造をしたハロペリドールはドーパミン受容体に結合するため、ドーパミンが受容体と結合できず、その投与によりさまざまな動物の常同行動が抑えられる。私たちの調査でも、ウシの舌遊び行動はハロペリドールの末梢投与で完全に消失し、常同行動とドーパミン系との関連を確認できた。また、ドーパミン分泌神経核は上位の脳から有髄神経によって制御されている。そこでの神経伝達物質はギャバ（GABA）であるが、そのギャバ神経は麻薬レセプターをもつ。したがって、麻薬であるモルヒネおよび内因性オピオイドペプチド（β－エンドルフィン系）は、ギャバ神経に結合することによってドーパミン分泌核の抑制を解放し、その過剰活動により常同行動を引き起こすことになる。このように常同行動は、麻薬や覚醒剤の使用による行動変化と同じメカニズムによるのである。ストレスにともなうドーパミンやβ－エンドルフィンのたび重なる分泌による脳内刺激は（図2・4）、脳の反応性を鋭敏化し、常同化をさらに進めると考えられている。すなわち、常同行動は脳の変化をともなう可能性も指摘されている。常同行動があらわれるような飼育環境の不備はきわめて問題である。常同行動はアニマルウェルフェア阻害の最大の表現とみなされ、改善が求められているのである。

先にも述べたように、変則行動とは動物本来の固定的な動作が変化してしまった行動で、異常行動のひとつである。たとえばウシが立位から伏臥位へ移行する場合、頭を前方に七〇～一〇〇センチメートル出して前肢を一方ずつ折りながらひざまずき、頭を後ろに戻す反動で一方の後肢を折りながら後軀の一方を降ろし、全体重を地面にゆだねる。体重の重いウシにとっては、これらの行動がスムースに行えないとけがをする可能性が高くなるため、本来の固定的な行動を変えてしまうことがある。

とくに雄牛、体重のある雌牛、ケージなどで飼養されている子牛は、スノコ床では滑りやすいため、おそるおそる起立・伏臥し、ついには後肢を折りながらお尻をゆっくりと降ろしてから、前肢を曲げるようにして伏臥する（変則的伏臥行動）。妊娠豚でも、敷料のない床で飼ったり、群飼でも過密に飼うと、イヌが座るような姿勢（犬座姿勢）をとり、長時間休息し続けるようになる。常同行動である偽咀嚼がこの姿勢中に一緒にみられる場合もあり、そのような状況でブタは極端にやせてしまう。犬座姿勢を長時間続けると、細菌の尿道感染による膀胱炎や腎炎に罹患し、さらには流産や膿毒症にもなる可能性がある。

異常反応とは単純な環境で飼育すると、環境からの刺激に対する反応が異常、すなわち無関心になったり、過剰反応となることをいう。無関心になると、性的な刺激にも反応しなくなる。前述した繁殖豚の不動犬座姿勢では、一般に周囲の変化に反応がなくなり、無関心行動のひとつでもある。これはウシやウマでもみられる。

単純環境でも大群や過密で飼うと、過剰反応になることもある。エジンバラ大学に留学したスイス農業研究所の若き応用動物行動学者アレックス・ストルバ（A. Stolba）とアニマルウェルフェア研究の先達であったデビッド・ウッドガッシュ教授（D. Wood-Gush）は、ブタが放牧時にみられる行動をすべて発現できるように、さまざまな刺激を配置した豚舎（エジンバラ・ファミリーペン）を開発した（図2・11）。さまざまな環境で飼育している若豚へタイヤを与えた場合の反応性を時間を追って調査すると、図2・12に示したように、放牧されているブタや、エジンバラ・ファミリーペンで

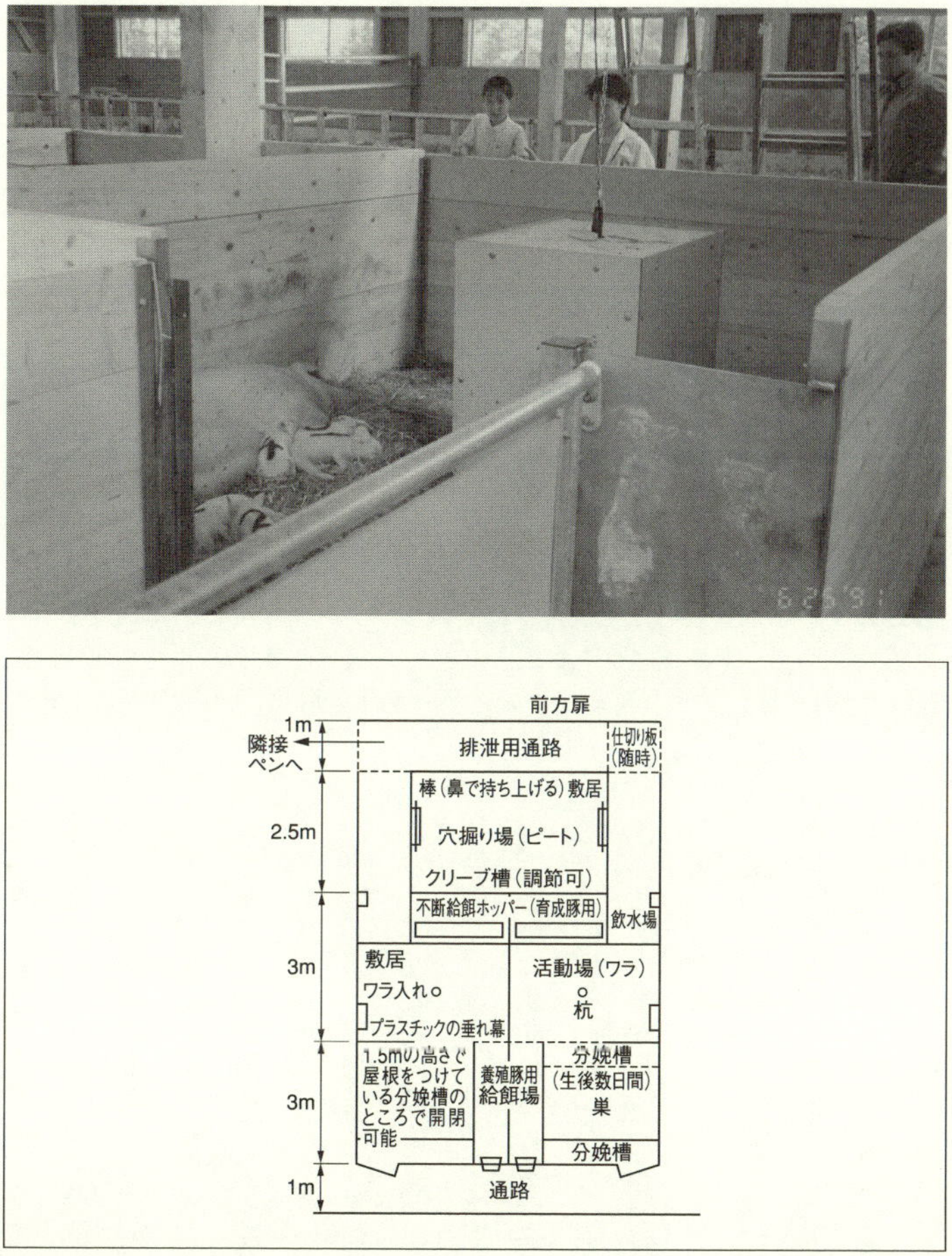

図 2. 11　エジンバラ・ファミリーペン

2組の親子がひとつのペンに入り，隣接ペンの2組とあわせて合計4組が共同生活する．豚舎は，手前から巣，巣の前の活動場（ワラ床で中心に擦りつけ用の柱などあり），排糞に使ったりもするコンクリート通路，通路で囲われたワラやピートの入った土間からなる．写真はコンクリート通路から巣のほうを写したもので，初期モデルよりもバージョンアップされている．

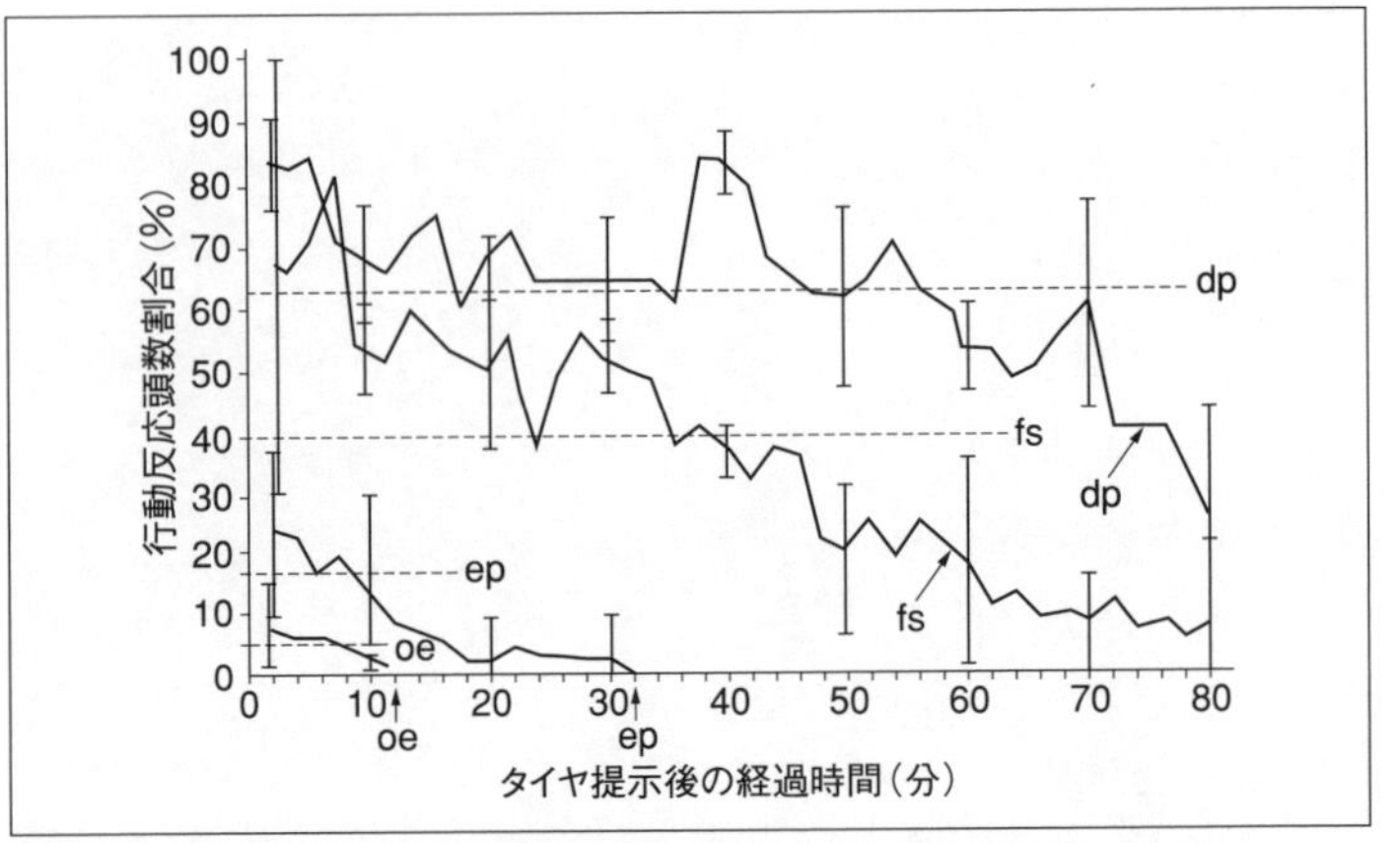

図 2. 12　さまざまな方式で飼育されているブタのタイヤに対する反応
oe：放牧，ep：エジンバラ・ファミリーペン（エンリッチメント飼育，図 2.11 参照），fs：ワラの入ったコンクリート床の豚舎，dp：ワラのないコンクリート床の豚舎．

飼われているブタでは、タイヤへ反応する個体は少なく、しかもすぐに興味を示さなくなった。一方、単純環境である現代の豚舎で飼育されているブタのほとんどはタイヤに群がり、しかも興奮して長い間過剰に反応するという結果であった。単純環境での飼育が、ブタの探査行動の動機を高進し、過剰反応をもたらしたといえる。この反応性の変化は畜産的にも問題である。近代畜産ではニワトリやブタを単純な環境で飼うが、些細な刺激に対してパニック状態となり激しく逃げ、それにつられて群全体が暴走し、ときには隅に重なり合い、窒息するほど群がってしまう場合も多い。

緊張性不動化も特徴的な行動である。昆虫、魚類、爬虫類、両生類、鳥類、哺乳類のいずれも拘束すると、この現象を起こす。いわゆる「狸寝入り」で、恐怖反応性の指標として使われる。まず動かなくなり、目をパチパチさせ、体をひきつらせ、ときどき頭を上げる状態となり、その状態は数秒から数時間続く。ニワトリにおける調査では、小屋での平飼い飼育よりもケージ飼育で、小群よりも大群飼育で、ケージ下段よりも上段飼育で、それぞれ緊張性不動化の持続時間は長く、社会的に隔離することで助長されることも知られている。また、持続時間はストレスの強さ（副腎皮質ホルモンレベルの高さ）と関係することも確認されている。

多食多飲も異常反応のひとつである。ウマでは胃が破裂してしまう場合もある。ニワトリでは排泄物中の水分が異常に増えたり、水様の吐出物を出すために餌槽に残る餌が腐るなど、管理上不都合な場合もある。そのほかの異常反応としては、ウマやブタでは「食糞」がある。また、ウマでは嚙みつきを頻繁に行う「咬癖」、他者の接近や接触に対して過剰に蹴る「蹴癖」、拘束や痛みを逃れるために後肢で立ち上がる「後立ち」がみられる。

異常生殖行動もアニマルウェルフェアレベル評価指標のひとつである。雄では騒音の多い場所で飼ったり、喧嘩の強い個体がそばにいたときに陰萎になることがある。雌では巣づくり行動をさせなかったり、分娩のときにヒトの介入が多かったり、騒音が多かったり、あるいは高順位の個体がいたりすると、子どもの世話をしなかったり、子どもを攻撃したり、さらには子どもを殺し食べるなどの異常行動がみられる。ウシ、ウマ、ブタ、ヤギ、ヒツジでは「授乳拒否」が、ブタではそれらに加えて「子殺し」がみられる。

表 2.1　外貌チェックリストの例

項目	ポイント
姿勢	健康体の姿勢は重力に抗して保たれる．したがって，不健康体では頭，顎，肩は垂れ，全体的に萎縮し，最終的には横臥する．歩様の変化にも留意する．
顔貌	健康体では眼瞼が開かれ，眼光が鈍く，いきいきしている．病的状態では反応性も鈍くなり，敏捷性が欠如する．
行動	不健康体では行動が量的にも質的にも減少する．給餌に対する摂食反応は遅れ，不活発となる．身繕い行動も減少し，皮毛や皮膚が不潔になる．他個体との接触を避けるため，孤立化する．
生理	目やに，鼻水，流せん，咳，ふるえ，下痢に注意する．暑熱時の放熱を呼吸で行う動物では，呼吸速度が熱環境の目安となる．異常のある場合は，体温を測定し，健康時と比較する．
体重	不健康体では体重を維持できず，削痩化する．肥満も問題である．当然，産卵や泌乳も抑制される．

結果により苦悩を評価する

苦痛・苦悩の結果、健康が損なわれ、繁殖行動が弱くなる。したがって、健康や繁殖性によって「苦悩」を評価しようとする場合もある。表2・1に示したように、アニマルウェルフェアを姿勢や顔つき、行動や様子、そして体重などから判断したり、体型をみたりさわったりして栄養状態から判断（ボディーコンデションスコア）したり、人間ドックで調べるような血液検査である代謝プロファイルテストから判断したり、さらに標準体重との比較、乳や卵の生産量などから判断したりするわけである。しかし、異常な行動をとることによって不適切な環境に適応することもあり、ここで示したような肉体的な健康だけでアニマルウェルフェアを判断することは不十分であるとされている。

以上のように、多種多様な評価方法が提示されており、さまざまな指標を適宜組み合わせることで飼育環境や取り扱いからくる「苦痛・苦悩」を評価しようとしている。次節ではそれらの指標を使い、「苦痛・苦悩」の根本的な原因を探ってみよう。

3　なにが苦痛・苦悩を引き起こすのか

図2・1に示したように、「苦痛・苦悩」は動物と環境との安定関係が壊れることによりもたらされる。ここでいう環境とは動物を取り巻く一切の事物（客観的環境）ではなく、生活環境、すなわち動物に直接影響する機能的環境（主観的環境）を意味する。飼育動物では、おもに熱環境、大気環境、光環境、音環境、社会環境、収容施設・設備環境、管理者が生活環境となる。これらの外部環境は内部環境の瓦解をもたらし、「苦痛・苦悩」を引き起こすわけであるが、内部環境の瓦解にはもうひとつ重要な原因がある。それは、正常行動の実行不能性（抑制）である。動物がしたいことを抑えることが「苦悩」をもたらすと考えられている。以下に、「苦痛・苦悩」をもたらすそれぞれの要因について概略してみたい。

護身行動ができる環境にする

飼育動物の場合、まず熱環境を整えることが重要である。暑さや寒さをもたらす熱環境は気温だけではなく、気湿、放射、気流によりつくられる。気温は伝導により動物の体温に影響し、気湿は汗や息、さらには体表面からの蒸散を通して気化熱に影響する。太陽からの放射は熱を与え、風は放熱を促す。恒温動物はこのように大きく変動する熱環境のなかで、さまざまな努力をしながら体温を一定に保とうとしている。

熱環境に対し体温を安定に保つために、動物はまず隠れ場探し、群がり、水浴び・泥浴びなど護身行動を行う。隠れ場探し行動とは、暑熱時に日陰や風通しのよい場所に移動し、風をより多く受けやすい姿勢をとったり、寒冷時には太陽光に直角に体を向けるような行動をいう。また、群がり行動とは寒冷時に群がることで全体としての表面積を狭くし、放熱を抑制する行動をいう。環境温が二〇度で子豚が群がり行動をとると、熱生産は四〇パーセントも少なくてすみ、一五度でニワトリの雛がその行動をとると、一五パーセントも少なくてすむ。水浴び・泥浴び行動は、暑熱時に気化熱による放熱を促進するため行われる（図2・13）。泥はさらに太陽からの放射熱も遮る効果をもち、冷却効果も高く、ブタでは蒸散量は八〇〇グラム／時間／体表面平方メートルにも達し、清水の三倍も長続きする。生理的反応としては、暑いときにイヌが口をあけ舌を伸ばしながら呼吸を速めるように、パンティング（浅速呼吸）という方法や、汗をかいて放熱したり、寒いときには「ふるえ」や蓄積脂肪の

図 2. 13　水牛の泥浴び行動（上）とウシの水浴び行動（下）
ウシは肢蹄における動・静脈間の熱交換により，放熱を効率的に行う．

分解などの方法で熱産生を行う。これでも対応できない場合、体温は上昇あるいは下降し、ついには死に至る。護身行動がとれる多様な環境を与え、生理的反応を察知し、環境を管理することが熱環境からくる「苦痛・苦悩」の制御となる。

家畜もアンモニアを嫌う

飼育動物では、つぎに大気環境を整えることが重要である。二酸化炭素、一酸化炭素、アンモニア、硫化水素、メタンなどが致死性のガスとしてとくに重要である。酸素濃度は空気中では二〇パーセント程度であるが、一五パーセント以下になると呼吸数は増加し、一一パーセント以下でパンティングが起こり、脈拍数も増加する。二酸化炭素自体には毒性はないとされるが、二酸化炭素が増加すると酸素濃度は減少することから窒息効果があり、同時にほかの有毒ガスも増加する。二酸化炭素濃度は、空気中では〇・〇三〜〇・〇四パーセントであり、〇・四パーセントが空気汚染度の指標として使われている。

アンモニア濃度は、ヒトでは二〇〜二五ピーピーエムが限界で、労働環境はその濃度での規制が一般的である。ニワトリやブタでは、アンモニア濃度は五〇ピーピーエムまで生産に影響はなく、一〇〇ピーピーエムで長期間暴露すると食欲が減退し、ようやく増体や産卵が低下することから、アンモニア濃度にはあまり注意が払われていない。しかし、五〇ピーピーエム以下でも濃度に比例して鼻炎が進行し、咳が出て、鼻と気管の粘膜上皮が肥厚し、肺の充出血も起こり、ブタでは気腫や水腫が、ニワトリでは呼吸器症状や角膜炎が起ったりする。じつはブタは低濃度でもアンモニアを嫌い、実験的にアンモニア濃度をゼロから四〇ピーピーエムまで変えた部屋で飼うと、アンモニアのない部屋でもっとも多くの時間を過ごす。一酸化炭素や、液肥の攪拌時などに発生する硫化水素は急性毒性ガスで、数秒〜数分でブタは死亡する。低濃度でも結膜・呼吸器粘膜を刺激し、さまざまな疾病に対する抵抗力を落とす。塵も呼吸器道の粘膜に悪影響をおよぼし、病気抵抗性を落とす。アンモニアを吸着した塵は相乗的に悪影響をおよぼし、さらに病原微生物が付着する可能性も高く、きわめて問題である。熱環境に配慮しながら、新鮮な空気を常時取り入れられる飼育環境が必要とされる。

家畜の視覚は特徴的である

可視光線は光受容器の刺激となり生活を豊かにし、紫外線はカルシウム代謝にかかわるビタミンD合成に関与する。そのため、光は重要な生活環境のひとつである。可視光線の知覚は、色覚、明暗視、視力、視野の各要素からなるが、動物種ごとに大きく異なるため、それを意識した環境管理が必要である。色覚は原始脊椎動物時代に獲得され、ヒトを含む哺乳類ではむしろ視物質をなくしてきたといわれている。家畜の網膜の光受容器は、おもに太陽光のなかでもっとも光量の多い五〇〇ナノメートル付近の光をよく吸収する杆状体（明暗感受）からなる。色を感受する錐状体は低（四三〇ナノメートル程度、紫から青）と高（五六五ナノメートル程度、黄色）の二種が一般的で、色覚は貧弱である。しかし、ほとんどは網膜中心野に存在することから、正面をみすえれば、イヌを含むどの哺乳類家畜でも色の識別がかなりできる。さらに、網膜の裏の脈絡膜に光輝壁紙（タペタム）という金属光沢に輝く組織があり、暗がりで動物にライトをあてると、それに反射して目が光るように、哺乳類家畜の視覚は解像よりも感度を重視する構造となっている。

ニワトリは地球上で一世を風靡した恐竜の子孫というだけあって、錐状体が四種も存在し、色覚がよく発達している。ウシ・ウマ・ヒツジ・ヤギのような草食獣では眼が側方にあるため、単眼でみる視野は広く、複眼でみる視野は狭い（四〇〜六〇度程度）。瞳孔は横長で、横方向へは広い視野をもつが、深さ感覚や距離感が弱い。したがって、深さのある溝はもちろんのこと、格子がつくる影などの陰影コントラストも嫌う。イヌやネコのような肉食獣や樹上生活獣ではヒトと同様に眼は前方にあり、複眼視野が広く、さらに瞳孔は縦長である。そのため、距離感が正確で、上下視野に優れる。家畜の視力調査はあまりないが、ウシやヒツジは〇・〇四〜〇・〇九とかなり近眼であるという。このような特徴を勘案しながら、光環境を整える必要がある。

家畜はヒトよりも高い音が聞こえる

動物に音を聞かせた後、スイッチを押すと餌がもらえるという学習をさせ、徐々に音圧を低くし、スイッチ押しが半数になる音の強さを測定する。これをさまざまな周波数で繰り返してつくった図を聴力図という（図2・14）。それによると、家畜がもっとも敏感な周波数域は八キロヘルツであり、ヒトよりもかなり高い。また、ヒトには聞こえない三〇キロヘルツ以上の高周波数の音も聞こえてい

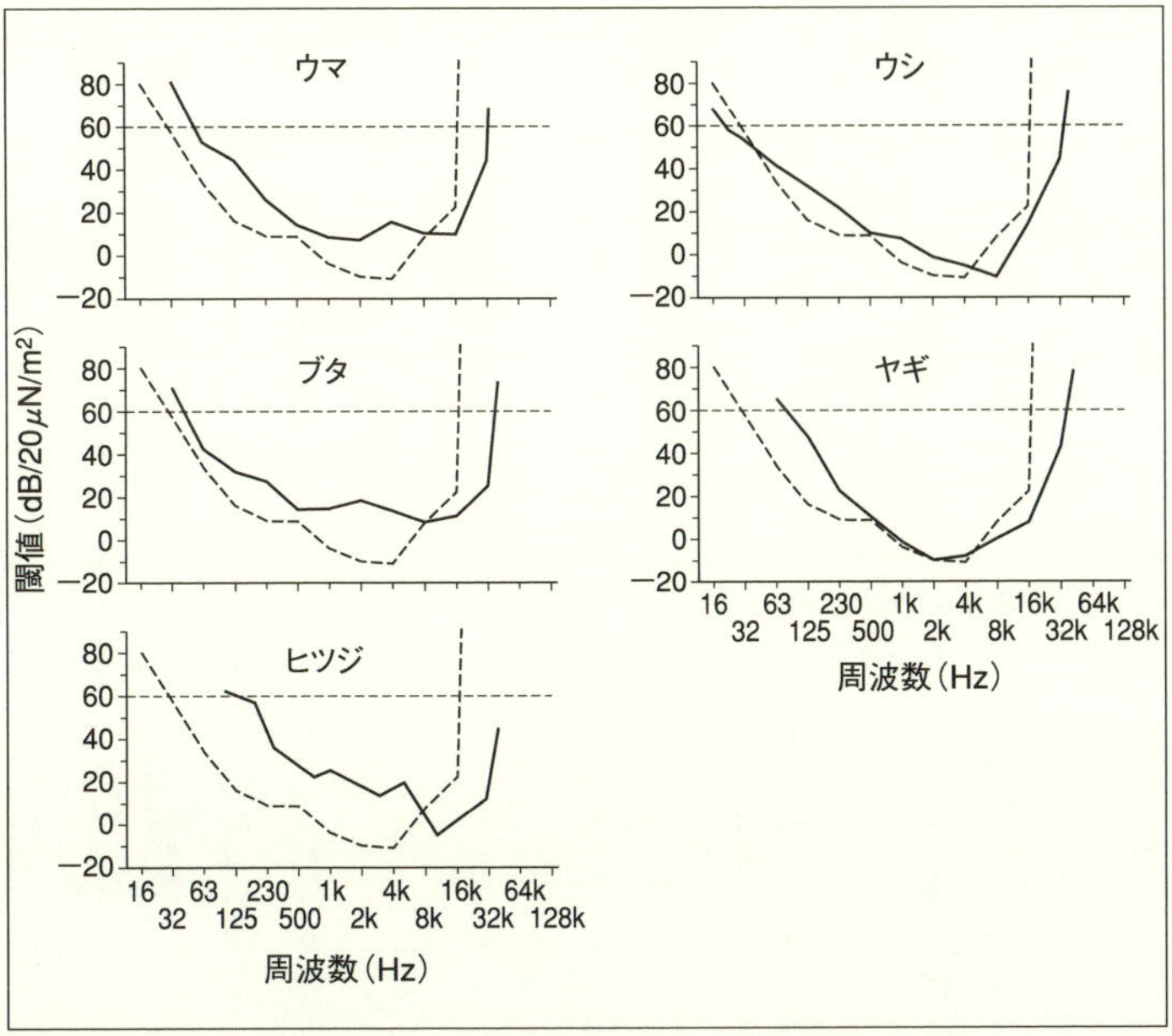

図 2. 14　さまざまな動物の聴力図（Heffner and Heffner, 1992 から描く）
点線はヒトの聴力図．

るという。しかし、鳥類では一〇キロヘルツ以上の音は聞こえず、すなわち強い音でないと聞こえないため、聴覚はあまり発達していない。

哺乳動物を飼う場合は、われわれには聞こえない高周波数音への配慮が必要である。いずれの周波数でも音圧が高ければ、音受容器へ物理的に作用する。大きな音によって鼓膜の破裂、耳小骨のずれ、内耳の出血、振動感受細胞の破壊が起こり、ヒトでは九五デシベル以上で難聴を起こす危険がある。強い音圧によってパニックになり、ブロイラーが群がり行動を起こし圧死したり、ロケットの発射音に競走馬が驚いて走り回り、骨折することがある。また、騒音レベルの高い地域で流産が多いなどの報告もある。長期的な暴露により、性腺機能が抑制されたり、心肺機能が変化することが知られており、マウスでは、一〇〇～一一〇デシベルのベル音を長期間聞かせると、発情周期が不規則になり、受胎率は低下し、妊娠早期における流産・死亡率が増加する。さらに、胎児の発育が抑制され、精子の授精能は低下し、精液量は減少し、ウイルス感染の危険性が増加することなどが報告されている。しかし、音圧が強くても、その後に侵害刺激がない場合には、急激に「慣れる」ことも知られている。

仲間との敵対関係

どの動物でも二個体以上が一緒に生活すると、自己主張がぶつかりあい闘争が起こる。一般に、高順位の動物や低順位でも非活動的でサクセスを望まない動物では、苦痛・苦悩は少ないが、攻撃的であっても中位にしかなれない動物では多い傾向にある。ウシやブタは頭突きや嚙みつきによって攻撃するため、頭の動きを制御する柵が適正に配置された飼育施設の構造は、攻撃により引き起こされる苦痛・苦悩を抑える有効な手段となっている。

同時に、親和関係をつくらせることも重要であるが、ウシでは親和関係の形成には四カ月以上の同居や血縁の濃さ（異母・異父兄弟以上）が必要である。親和関係にある個体どうしは、おたがいに舐めあい、近接して生活する。舐められているウシの目はうつろとなり、心拍数は低下し、安寧状態となる。よく舐められるウシの乳量は多く、体重もよく増えることが知られている。親和関係は二～四頭程度としか結べないようで、その数の仲間をもつウシはさまざまなストレッサーに対して耐性のあることも知られている。三〜五頭の親和グループを形成させ、維持させる配慮が必要である。

狭い部屋も苦痛

動物を過密に飼うと、つつきや尾食いなどの異常行動、うつ病、攻撃行動の増加などの行動的ストレス反応、胃潰瘍や副腎肥大の生理的ストレス反応が起こり、さらには繁殖性の低下、母性行動の抑制、病気抵抗性の低下および増体量の減少などが生じる。収容面積に関する問題は、二側面から考慮する必要がある。まず、個体を無理なく収容できる面積が必要である。体がおさまる面積であることは基本的に重要であるが、それに加え起居にともなう動作、排糞尿姿勢、休息姿勢、さらに身繕い行動などの個体を維持する行動が無理なくできる空間を最低限必要とする。

ついで、仲間との安定した関係が保てる面積でなければならない。ウシ、ウマ、ニワトリなど接触を好まない動物は仲間との間に空間を保ち、そのなかに進入されることを嫌う。それは個体距離と名づけられていて、心理的なものである。ウシの場合で一〜二メートル、ニワトリの場合で七〜八センチメートルが平均値となっている。その距離は、強いものにとっては仲間に対する威嚇距離であり、弱いものにとっては仲間からの逃避距離である。ウシでは角を取って攻撃力を制御したり、柵・壁、あるいはニワトリでは止まり木などを設置する。それらによって攻撃側、被攻撃側双方に心理的安定がもたらされる。群で動物を飼う場合は、最低必要面積を考えることが必要である。

ベッドの材料や構造も気にかかる

近代の畜産では、ウシやブタでは床にコンクリート、ニワトリでは金網が一般的に使われている。床が硬すぎるために跛行や皮膚損傷の原因となったり、単純すぎるために退屈したりする。動物自らに床を選択させると、ウシは下層は寝たり起きたりするときに不安定にならないように硬く、上層一五センチメートル程度は横臥のために柔らかい二重構造の床を、ブタは厚く敷かれた清潔で乾燥したワラ床を、ニワトリは金網より敷料の入った床をそれぞれ好む。不適切な床に対しては、横臥前ににおいを頻繁に嗅ぎ、足踏みをするなどの過剰な意向行動を行う。それは躊躇の行動的表現として、ウェルフェアを考えるうえできわめて重要である。行動を詳細に観察することで、施設を動物側から評価することができる。

通路の床構造も気にかかる

ウシでは、通路の床は歩行や横臥が無理なくでき、脚、蹄および皮膚にやさしい構造であることが望まれる。まず損傷を起こさない構造、滑らずしかも蹄の摩耗が過度でなく、突き出た角がないことが求められる。つぎに衛生的であることが必要で、バクテリアや寄生虫の温床とならないように掃除が容易な床でなければならない。さらに歩きやすく、温かく、弾力的で、安楽なことが求められる。湿った糞尿は蹄を軟弱化させ、趾間への細菌感染を助長する。床を頻繁に清掃し、爪を適宜切り、消毒するなど蹄の手入れを励行することで、蹄の病変は激減する。

粗暴な扱いは強いストレスをもたらす

動物は側頭葉・前頭葉に正面顔に反応する細胞をもっている。生命科学分野で世界有数のイギリス・ベイブラハム研究所ケイス・ケンドリック教授（K. Kendrick）らが二〇〇一年に行った調査では、ヒツジは五〇頭の仲間の顔を二年以上も記憶していることが知られている。私たちの調査でもさまざまな顔写真をウシにみせ、その注視時間を調べると、もっとも長く注目されたのは同じペンで飼われていたウシと管理者であり、ほかのグループのウシやあまり知らないヒトへの注視時間は短かった。脳内では、ウシ、ヒトというような分類をしているのではなく、自身にとって有益な顔と不都合な顔といった分類をしているようである。

ブタの調査によれば、近寄ってきたときに五回に一回の割合で粗暴に扱うと、毎回粗暴に扱った場合と同様に生産への悪影響（増体、繁殖性）があることが知られており、その記憶は数カ月続くといわれている。規則正しく日常管理が行われ、管理者が柔和に接することで逃避しなくなったウシ群では、乳量は多くなり、飼料の生産への転化効率も高くなる。

行動させないこともストレスになる

行動とは環境と生理的恒常性との関係を修復する手段であり、「外部刺激に対する反応」といわれ

表 2. 2　ウシにおける行動レパートリー（佐藤ら，1995）

	行動単位
維持行動	
摂取行動	摂食，飲水，食土，舐塩
休息行動	佇立，横臥，睡眠，（反芻）
排泄行動	排糞，排尿
護身行動	庇陰場へ移動，あえぎ，水浴び，泥浴び
身繕い行動	掻く，舐める，擦る，身震い
探査行動	嗅ぐ，舐める，見回す
個体遊戯行動	はねまわる，歩行，走行，頭や鼻でものを操作
社会行動	
社会的探査行動	相手のにおいを嗅ぐ
社会空間行動	接近，先導，追従，個体距離保持行動，社会距離保持行動
敵対行動	闘争，攻撃，逃避，追跡，威嚇，回避
親和行動	社会的舐め，社会的擦りつけ
社会的遊戯行動	模擬闘争，はねまわる
生殖行動	
性行動	陰部を嗅ぐなどの性的探査，陰部をマッサージするなどの性的刺激，リビドー，乗駕，降駕後の身震いや背丸め，不動姿勢
母子行動	母性的舐め，授乳，胎盤摂取，母への追従，吸乳，仔どうしのグループ

てきた。しかし、必要なときに行動を効果的に発現させるには、あらかじめ実行をプログラムしておくことは有効である。そのような機能によって、行動実行の種類、時間帯、様式、持続時間が動物種ごとにプログラムされているようである。そして、プログラムされた行動の抑制は「苦悩」をもたらすことが知られている。

ウシの行動レパートリーは、表2・2のとおりである。維持行動、社会行動、そして生殖行動が正常行動といわれるものである。もっとも強くプログラムされているのは摂食行動で、いろいろな飼料を舌を巻く様式で日中を中心に八〜一〇時間摂食したがる。休息行動も強くプログラムされており、前述したような固定的な様式で正午と夜間を中心に一四時間程度伏臥・横臥したがる。身繕い行動へも強い要求があり、ヒトからのブラッシングを報酬とした学習では、ウシはブザーを何回も押し、ブラッシングを要求する。数百メートル程度であるが、散歩への要求もあるようである。社会行動への要求も強いようで、とくに離乳後に一頭で飼うとストレスとなることが報告されている。生殖行動への要求の調査はされていないが、性的刺激への欲求や子育てへの欲求も考えられる。

以上、「苦痛・苦悩」をもたらす要因はさまざまな場面で想定され、アニマルウェルフェアを保障するには注意深い観察と要因への注意深い考察が不可欠なのである。

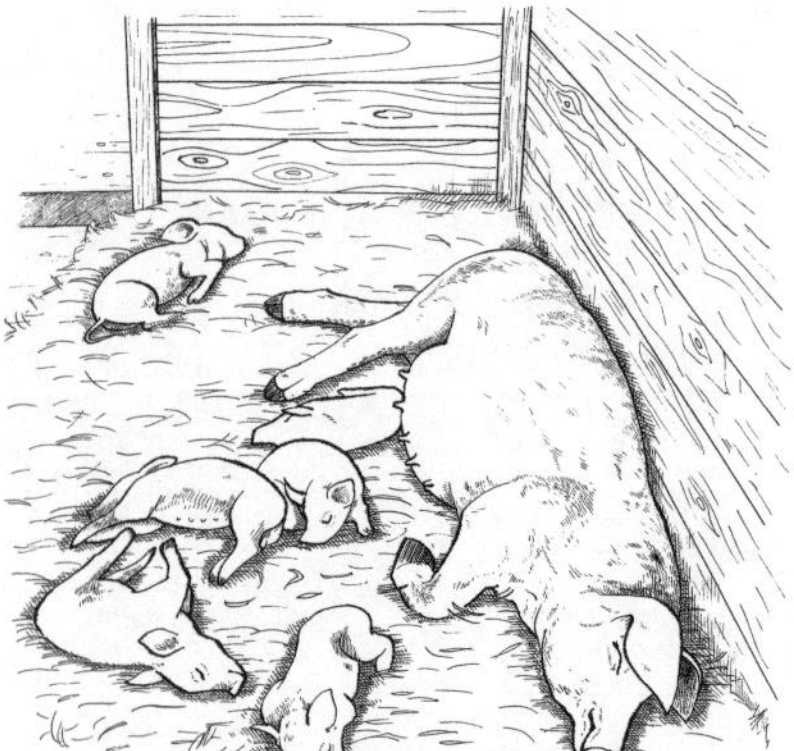

第3章　倫理から法律へ、批判から建設へ

1　EUでは動物保護は法律として具現化した

第二次世界大戦時にイギリスの首相であったウィンストン・チャーチルにとって戦後、ヨーロッパ合衆国の設立は悲願であった。それは一九九二年、ついに西欧一五カ国により欧州連合（EU）として成立し、二〇〇四年五月には中・東欧一〇カ国の参加が認められ、さらには地中海諸国も巻き込む勢いとなった。EUの連携には、基本原則となる条約が重要な役割を果たすが、一九九九年五月一日から施行されたアムステルダム条約では、さまざまな政策の決定や執行にあたり、なんとアニマルウエルフェアに配慮することがうたわれている。すなわち、意識ある存在として動物を保護し、アニマルウェルフェアに配慮するという倫理を、法律による規制へと具現化することに欧州各国は合意した

のである。

動物の飼育・輸送・屠殺方法を法的に規制すると、畜産物の生産コストが上昇することとなる。EUの委員会によると、アニマルウェルフェアに則った飼育方法に改善することにより、生産費は豚肉では〇・五～一・八パーセント、卵ではケージを広げて八パーセント、ケージ飼育禁止で一六パーセント、それぞれコストが上昇すると試算されている。そこでEUでは二〇〇五年を目途に、農業共通政策としてアニマルウェルフェア法の遵守農家に対して、農家あたりの上限補助金は規定されているものの、年間一家畜単位あたり最高五〇〇ユーロ（六万五〇〇〇円程度）の補助金を出すことを決定した。家畜単位とは成牛を一とした場合の相対値で、ブタは〇・二、ヒツジ・ヤギは〇・一、ニワトリは〇・〇一であり、各畜種を共通に扱うことができるので、便利でよく使われる指標である。ちなみに、平成一五年のわが国の家畜飼養頭数は乳用牛一七一・九万頭、肉用牛二八〇・四万頭、ブタ九七二・五万頭、採卵鶏一億三七二七・二万羽、およびブロイラー一億三七三万羽であり、もしEUなみのアニマルウェルフェア補助金を農家あたりの上限を設定せずに全頭羽に出すとすれば、概算で最大五七七三億円となる。しかし、その額は平成一五年度農林水産省予算三・二兆円のたったの一九パーセントにしかならない。農林水産予算の四六パーセントは農道整備などの農業公共事業関係費である。アニマルウェルフェアの保障は家畜への直接的効果に加え、ヒトの思いやり情動を助長する間接的効果も予測される。したがって、その補助金としての支出に、納税者は理解を示すのではないだろうか。EUでは、これだけの投資をアニマルウェルフェアに行おうとしているのである。

アニマルウェルフェアを推進することは、また貿易の問題にもなりうる。そのため、EUは二〇〇五年までの締結を目指している世界貿易機関（WTO）のルールづくりのなかで、「非貿易的関心事項」（貿易問題を議論するにあたり、貿易的側面のみでなく「非貿易的」側面も考慮する事項。わが国では食料安全保障、環境保護、農村地域開発など農村の多面的機能がそれにあたるとしている）として、アニマルウェルフェアを提案しているのである。ちなみに、日本はEUが提案したアニマルウェルフェアの非貿易的関心事項化に賛同している。さらに、他方ではアニマルウェルフェアの世界基準づくりにも精力的である。世界的に動物の保健を検討する国際獣疫事務局（OIE；Office International des Epizooties）は、健康に動物を飼う前提としてアニマルウェルフェアへの配慮の重要性を認識し、ここでも二〇〇五年までに、まず畜産・水産におけるアニマルウェルフェア基準、余力があれば実験動物や野生動物における基準づくりを目指すことを決めている。このように、急激にアニマルウェルフェアは、世界的に倫理から法律への具現化を始めているのである。

この節では、EUにおける家畜の飼育管理・輸送・屠殺に関する規則と実験動物および科学目的に使われる動物の保護規則を簡単に紹介する。

水産・畜産動物は農用動物保護指令により保護される

EU各国は一九九八年にできた農用動物保護指令を守ることとなっているが、実行の方法は各国に任されている。そして、各国は一九九九年一二月三一日までに法を整備し、権限をもつ公的機関による査察を実行し、委員会に報告し、その委員会は全体の要約を獣医常置委員会に報告することが規定されている。農用動物とは、食料・毛・毛皮・その他の農用目的で繁殖・管理されているあらゆる動物（魚類、爬虫類、両生類を含む）と定義されており、野生動物・展示動物・競争動物・スポーツ用動物・実験動物・無脊椎動物は適用が除外されている。動物への配慮の内容は以下のとおりである。

まず、技能・知識・専門的能力をもつ家畜管理者を十分な人数確保する。そして一日一回は家畜を点検し、点検しやすいように照明を取りつける。疾病や損傷のある家畜はすみやかに手当し、回復しない場合は獣医の指示を仰ぎ、必要に応じて、乾いた安楽な敷料からなる寝床を準備し、隔離飼育する。獣医学的処置や死亡率に関する記録を残し、少なくとも三年間は保管する。動物には動きの自由を与え、不必要な苦痛や損傷を起こす方法で拘束しない。常時あるいは定期的に繋いだり、拘束する場合には、生理的・行動的要求にあったスペースを与える。

収容施設の材料や付帯設備は無害で衛生的にし、鋭利な角や突起をつくらない。空気を循環させ、塵・気温・湿度・ガス濃度に配慮する。常時暗黒下あるいは常時照明下では飼育しない。屋外飼育の場合は、必要に応じて悪天候・捕食獣・健康危害から庇護する。給餌器や給水器などの家畜の健康とウェルフェアに大きくかかわる自動機器は、少なくとも一日一回点検する。欠陥があればただちに修理し、直らないならば家畜の健康とウェルフェアを守るように適切な処置をする。人工換気の場合は、バックアップシステムと警報システムを備え、定期点検する。

健康の維持および栄養要求を満たすよう十分量の餌を与える。不必要な苦痛や損傷を起こす餌を与えない。生理的要求にあった間隔で給餌する。水分要求量にあった給水をする。給餌・給水施設は衛生的で、家畜どうしの競争による問題を最少にできるようにつくる。その他、薬などの給与は治療や予防の目的で行い、健康やウェルフェアを阻害しないようにする。自然交配、人工授精にかかわらず、遺伝的問題や難産など、苦痛や損傷を起こす可能性がある繁殖・授精法を実施しない。

八週齢以上の子牛の繋ぎ飼いは禁止する

六カ月齢までの子牛の飼養管理基準が、一九九八年一月一日以降に建てられた畜舎に適用され、二〇〇六年一二月三一日からはすべての施設に適用される。生産費にもっとも影響する飼育面積の規定が中心となっている。

八週齢以降は、単独では飼わない。それ以前に単独で飼う部屋（単飼ペン）は、幅は少なくとも体高（地面から肩までの高さ）と同じにし、長さは少なくとも体長（鼻先から座骨端）の一・一倍とする。その壁面には間隙をもたせ、隣のウシがみえ、触れられるようにする。群で飼う場合、子牛一頭あたりの床面積は、少なくとも生体重一五〇キログラム（雌だと五〜六カ月齢）以下では一・五平方メートル、一五〇〜二二〇キログラムでは一・七平方メートル、二二〇キログラム（同八〜九カ月齢）以上では一・八平方メートルとする。

面積以外の規定は以下のとおりである。常時暗黒下では飼育しない。人工照明の場合、少なくとも九時から一七時は照明する。屋内飼育子牛では、少なくとも一日二回、屋外飼育子牛では一日一回点

図 3.1　子牛の繋留飼育（上，EU では禁止の方向）と群飼育（下，EU での推奨飼育）

検する。子牛用寝床は困難なく横になり、休息し、立ち上がり、身繕いできるようにつくる。子牛を繋ぎ飼いしない（図3・1）。集団で哺乳する場合には、一時間以内ならば繋留も致し方ないが、繋留により問題が起こらないように定期的にみて、安楽な状態を保つように繋留具を調整する。絞殺や損傷の危険のないようにする。畜舎・ペン・附属器具・用具は、子牛間での病気の伝染やキャリアー動物の巣とならないように、清潔にし、消毒する。糞尿やこぼした餌は悪臭の原因となり、ハエやネズミを寄せつけるので、早急に取り除く。

二週齢以下の子牛には適正な床敷きを与える。健康とウェルフェアの向上のため、齢・体重・行動的生理的要求に合致するように給餌する。餌は少なくとも平均血中へモグロビンレベルが四・五ミリモル／リットルを確保できるように鉄分を含み、二週齢以上の子牛には粗飼料を与え、八〜二〇週齢では一日五〇〜二五〇グラムに増量する。口輪をつけない。少なくとも一日二回は給餌し、全頭が一緒に食べられるようにする。二週齢以上の子牛には十分量の新鮮な水を与える。生後六時間以内に初乳を飲ませる。このように、とにかくウシの健康とウェルフェアが損なわれないように、いろいろな面からの注意を規定している。

ブタを繋いで飼ったり、妊娠豚を身動きのできない枠場で飼ってはいけない

二〇〇三年一月一日以降に建設されるブタの施設では以下の規定を満たす必要があり、二〇一三年一月一日からはすべての施設に適用されることとなっている。ウシと異なり、ブタやニワトリの価格は安いため、狭い場所で過酷に飼育されることが多く、アニマルウェルフェアという観点からの規制はさらに細部にわたっている。この項を読み進むことは退屈かもしれないが、ここまで配慮すべきであると法的に規定されている点にご注目いただきたい。

年中、繋いで飼ったり、狭いところに閉じ込めて飼うことは禁止する。群で飼う場合の一頭あたりの床面積は、子豚や若豚では、体重一〇キログラム以下は〇・一五平方メートル、一〇〜二〇キログラムは〇・二平方メートル、二〇〜三〇キログラムは〇・三平方メートル、三〇〜五〇キログラムは〇・四平方メートル、五〇〜八五キログラムは〇・五五平方メートル、八五〜一一〇キログラムは〇・六五平方メートル、一一〇キログラム以上は一平方メートルとし、妊娠豚においては、未経産一・六四平方メートル（そのうち〇・九五平方メートル以上はスノコ禁止）、経産二・二五平方メートル（同一・三平方メートル）とする。スノコの最大間隔と最短幅もこと細かく規定されている。間隔は哺乳子豚一一ミリメートル、離乳豚一四ミリメートル、育成豚一八ミリメートル、初妊豚・経産豚二〇ミリメートルで、幅は哺乳・離乳子豚五〇ミリメートル、育成・初妊・経産豚八〇ミリメートルとされる。

未経産・経産豚を繋いで飼う方式の建設は禁止し、二〇〇六年一月一日からは全面禁止となる（図3・2）。受胎四週後から分娩一週前までは群飼とし、そのペンの一辺は二・八メートル以上とする。空腹鼻で遊べるものを常時提供する。競争下であっても、どの個体も十分に食べられるようにする。空腹を満たし、嚙む要求を満たせるように、子育ての終わった乾乳豚にはガサのある高繊維質も与える。

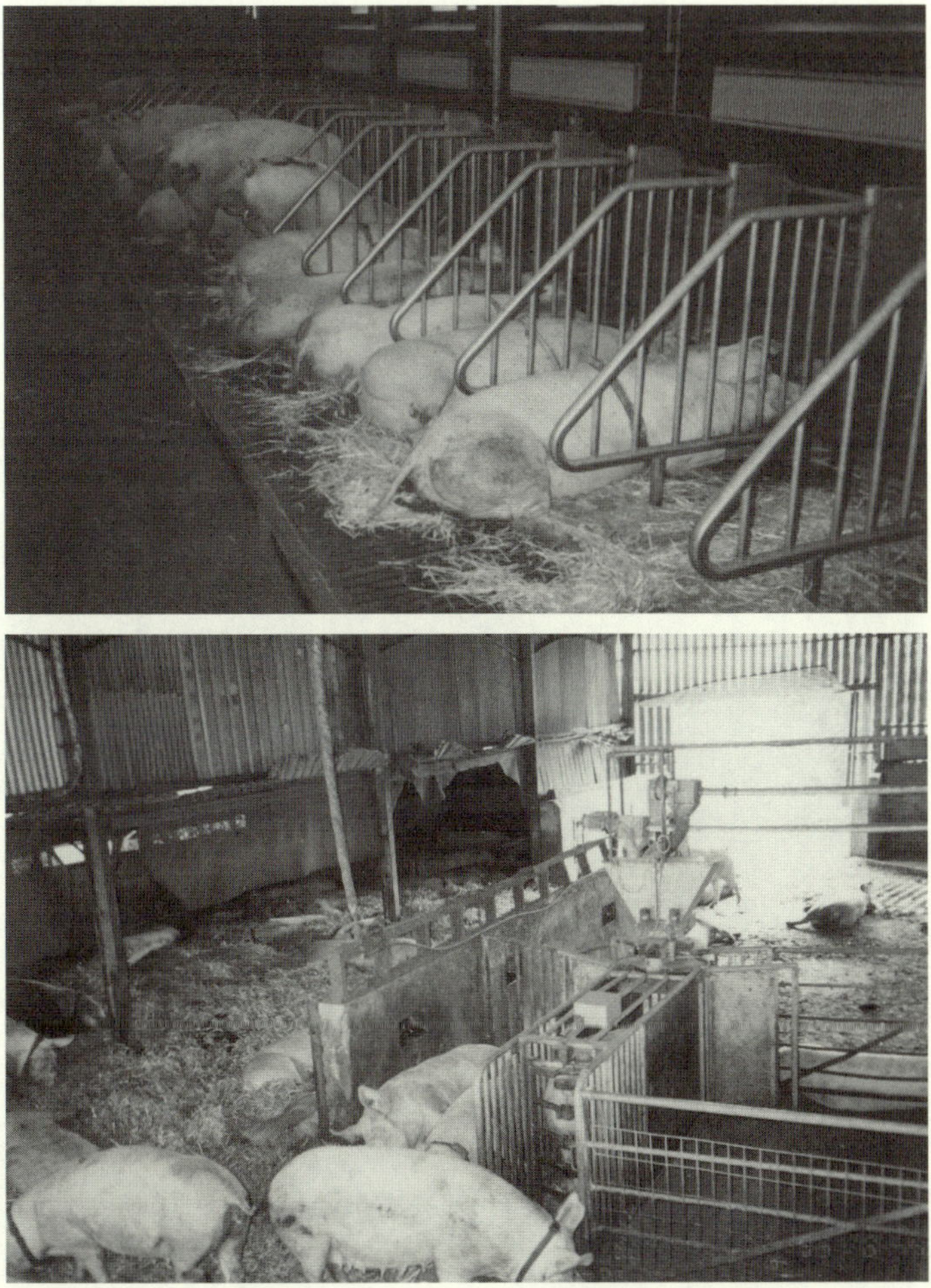

図 3.2　妊娠豚の繋留飼育（上，EU では禁止の方向）と群飼育（下，EU での推奨飼育）
上ではブタが腹帯により繋留されている．下にはワラ床の休息場と個体識別装置つきの給餌施設が写っている．

常時八五デシベル以上の騒音のある場所で飼育すべきではない。一定の、あるいは突発的な騒音も避ける。一日最低八時間は最低四〇ルックスで照明する。

豚舎は、仲間と同時に横になれるように面積をゆったりし、暖かく快適で、水はけのよい清潔な寝床を備え、正常な姿勢で立ったり寝たりでき、仲間がみえる構造とする。ワラ、乾草、木、オガクズ、キノコ床、ピートなどの食べたり遊べるものを十分量与える。床は、ブタにけがやストレスを与えないように、滑らかだが滑らないようにつくり、維持しなければならない。少なくとも一日一回は給餌し、仲間と一緒に食べられるようにする。二週齢以上からはいつでも新鮮な水が飲めるようにする。肉体に手を加えることは基本的に禁止するが、ほかの豚を傷つけることが明らかで、ほかに方法がない場合だけ、七週齢以前の子豚の犬歯を切ったり削ったりすること、尾の一部を切除すること、引き抜き法以外の方法により去勢すること、放牧豚に鼻輪を装着することを認める。種雄豚の小屋は少なくとも六平方メートル以上とし、種豚が動き回れ、ほかのブタの声を聞き、においをかぎ、姿がみえるようにする。

交尾用の小屋は一〇平方メートル以上とする。繁殖用雌豚群内では、喧嘩に注意する。必要に応じて内部・外部寄生虫を駆虫し、清潔に飼う。分娩予定日一週前には、汚水処理システムに支障がないかぎり十分量の巣材料を与える。子豚には、仲間と一緒に寝ることのできる床、すなわち平床、マット、あるいはワラ床を与える。困難なく母豚から乳が飲めるように豚舎は十分広くし、二八日齢より若い時期に離乳してはならない。衛生的な特別な小屋を準備できるなら、離乳を七日早めることも可能である。離乳子豚と育成豚群では必要以上の喧嘩に注意する。できるだけ混群にせず、どうしても見知らぬどうしを混群にしなければならないのなら、できるだけ若い時期、離乳後一週間以内に行う。混群にしたときは、逃げ込める場所を準備する。喧嘩が激しいときは、原因を突き止め、可能ならばワラのような探査行動を促進するものを与える。よくいじめられるブタやとくに攻撃的なブタは群から除く。喧嘩を抑えるためにトランキライザーを使用することは例外的な場合に限る。

ニワトリのケージ飼育は徐々に廃止する

ニワトリの場合、二〇〇三年一月一日から従来のケージの新設は禁止された。これまで使われてきたケージもある程度は改良すべきであるとされている。二〇一二年には、すべての従来のケージでの飼育は禁止となる。そして、二〇〇二年一月一日から適用された新設ケージの規定もつくられている。また、同時に二〇〇二年一月一日からは、ケージ以外の飼育方法（代替法）に対する規定もつくられた。

新設ケージの規定は以下のとおりである（図3・3）。一羽あたりの床面積は七五〇平方センチメートル以上とし、群で飼う場合には、最低でも二〇〇〇平方センチメートルとする。巣を置く。つついたり、かき混ぜたりできる材料の床敷を入れる。一羽あたり一五センチメートル以上の止まり木をつける。一羽あたりの餌樋の長さは一二センチメートル以上とする。乳首型給水器や給水カップを使用する場合は、各ニワトリはそれらを二個以上利用できるようにする。ニワトリの出し入れや見回り

図 3.3　採卵鶏飼育方式として EU で推奨されるエイビアリー・システム（上）と改良ケージ飼育（下）

上の鶏舎は，オガクズが敷かれた床，金網床 2 層の計 3 層からなり，それぞれに餌槽と給水器が備えられている．左手のたくさんの穴は巣箱である．下は，イギリス・エジンバラ大学で開発された改良ケージで，ケージに向かって左側上部には砂浴び場，左側下部には人工芝からなる巣箱がある（米国人道協会家畜・有機畜産部門副所長マイケル・アップルビー氏より写真提供）．

が容易にできるようにするため、段になったケージ列間の距離は九〇センチメートル以上とし、壁や床との距離は三五センチメートル以上とする。爪を研ぐ装置を取りつける。

代替法の規定は以下のとおりである。一羽あたり一〇センチメートル以上の直線型餌樋か、四センチメートル以上の円形型餌槽を置く。一羽あたり二・五センチメートル以上の直線水樋か、一センチメートル以上の円形型水槽を置く。乳首型給水器や給水カップ使用の場合は、一〇羽あたり一個以上利用できるようにする。最低七羽あたりひとつの巣を準備する。共同巣の場合は一二〇羽あたり一平方メートル以上とする。一羽あたり一五センチメートルの止まり木を置く。止まり木は床敷の上に設置してはいけない。止まり木間の距離は最低三〇センチメートルとし、壁との距離は最低二〇センチメートルとする。一羽あたり最低二五〇平方センチメートルの床敷のある場所を確保する。床の最低三分の一には床敷を入れる。床をつくる場合には、三本の前指がしっかりと支えられるような床構造とする。階層をもつ鶏舎では、階層の数は四層以下とし、階層間の距離は四五センチメートル以上、どの階層からも均等に餌槽や水槽が利用できるようにし、下の階層に上層からの糞が落ちないようにする。屋外放飼場が付設される場合、そこへの通路を建物の全体にわたって四〇センチメートル幅×三五センチメートル高さの穴をいくつか準備する。一〇〇〇羽あたりの合計開口部は最低二メートルとする。屋外放飼場は、汚染しないように飼育密度・自然条件を考慮して面積を決め、気象環境や捕食獣から身を守る避難所を設け、必要ならば水槽も置く。飼育密度は一平方メートルあたり九羽を超えない。

ＥＵでは、家畜の健康とウェルフェアに関する科学専門委員会が一五〇ページ以上におよぶブタレポート、ブロイラーレポート、そして肉牛レポートを完成させている。そのうえで、以上のようなきわめて事細かな飼育規定をつくっていることに驚きを禁じえない。これらの詳細な規定作成や、これまで研究と普及に多大な資金をつぎ込み、これからもさらにアニマルウェルフェアに多くの資金をつぎ込むであろうことを考えた場合、生半可な気持ちでアニマルウェルフェアを論じているわけではないＥＵの姿がみえてくる。

八時間以上の輸送には特別な配慮を必要とする

鳥類を除き、輸送時間八時間を境に規定は異なる。すべての輸送における規定は以下のとおりである。分娩が切迫した家畜、四八時間以内に分娩した家畜、および臍帯が完全に乾いていない新生家畜は輸送しない。普通に立位を保てるスペースを与え、必要に応じて移動中の揺れに対応すべく仕切りを設置する。悪天候や天候激変に対応できるようにする。輸送中、適切な間隔（二四時間以内、特別な場合は一二時間）で給水・給餌する。角や鼻環による繋留はしない。母子以外の成畜と子畜、去勢していない雄畜と雌は分けて輸送する。輸送中、機械によって吊り上げたり、頭・角・脚・尾・毛をもって吊り上げたり引きずらないようにする。電気鞭はできるだけ使用しない。添乗者は家畜を世話し、給餌・給水し、必要に応じて哺乳する。泌乳牛は一五時間を超えない範囲で、一二時間程度の間隔で搾乳する。

八時間を超える輸送ではさらに以下が規定される。安楽に寝られるような敷料で、糞尿が飛び散らず、吸収性のよいものを、動物種・頭数・時間・天候といった条件に応じて与える。給餌する必要がある場合、輸送車にあらかじめ必要量の飼料を搭載し、天候や塵・燃料・排ガス・糞尿などで汚染されないようにする。給餌施設も搭載し、使用前後に清掃し、輸送後には消毒する。給餌施設は家畜に損傷を与えないように設計し、ひっくり返らないようにする。使用しない場合は、家畜とは別の場所に収納する。家禽の場合は、輸送が一二時間を超えたら、給餌・給水する。イヌ・ネコには二四時間間隔で給餌し、一二時間間隔で給水する。輸送中にもアニマルウェルフェアがつねに守られるように、換気装置をつける。設置にあたっては、輸送ルート・時間、車の種類（閉鎖・開放）、内外の気温、輸送動物種ごとの生理的要求、積載密度を考慮する。どの家畜でも五〜三〇度（±五度）の気温範囲内で輸送する。区画化できるように仕切りを備えつける。停車中に水道に接続できるようにする。家畜に損傷を与えないような可動式か固定式の給水器を備える。これも、一三〇ページにおよぶ科学委員会のレポートが土台となっている。

家畜には屠殺に関する配慮規定もある

屠場に到着後、ただちに屠殺する。遅れる場合は、悪天候から保護し、高温・高湿下では適切な方法で冷房と換気をする。喧嘩し傷つけあう可能性のある家畜どうしは分けて収容する。健康状態を少なくとも朝・夕に点検する。輸送中あるいは屠場到着時に、苦痛や苦悩のある家畜および離乳前の家畜は即座に屠殺する。不可能なら分離し、少なくとも二時間以内に屠殺する。歩けない家畜は屠殺場所まで引いて行くべきではなく、横たわっているその場所で屠殺するか、不必要な苦痛をもたらさないならば、手押し車や戸板に乗せ緊急屠殺場所に運び屠殺する。

コンテナ以外で搬入された家畜に対しては降載用装置を設置し、滑らず、必要に応じて側壁をつける。橋・斜道・通路に家畜が落ちないように側壁をつける。降載中には脅えさせず、興奮させず、転倒させず、虐待しない。不必要な苦痛を与えないように頭・角・耳・脚・尾・毛をもって持ち上げない。通路は滑落の危険がないようにし、つぎつぎと追従できるような構造にする。誘導用器具はその目的のみに短時間使う。電気ショックを与える器具は移動しない成牛・成豚の後駆の筋肉にのみ使い、二秒以上は続けず、適当な間隔をあけて使う。家畜をたたいてはいけないし、とくに敏感な部分を圧迫してもいけない。尾をくしゃくしゃにつぶし、よじり、あるいは骨折させてはいけない。目に指を入れて保定しない。強打と蹴りを入れない。

すぐに屠殺しないなら屠殺場所に入れない。収容のためのペンを準備する。一二時間以内に屠殺しなかった家畜には給餌し、その後適当な間隔で適量給餌する。屠場に一二時間以上いる家畜は収容施設に入れ、適当な場所では困難なく横臥できるように繋留する。繋留しない場合は、同居個体から邪魔されずに摂食できるように給餌する。気絶・屠殺前には、苦痛・興奮・損傷・打撲を起こさないような適切な方法で保定する。気絶・屠殺前に家畜の脚を縛り、吊り下げない。気絶後即座に放血させないならば気絶させない。ボルトピストル（家畜を気絶させるためのピストルで、トリガーを引くと鋼鉄製のボルトが六〜一〇センチメートルほど突き出る）は、突出部が大脳皮質に確実に届くように位置を決める。ウシの場合、角の位置に打つことは禁止する。気絶させたら、即座に頸動脈の一方、あるいはその派生血管を切開することで放血する。家畜の意識が戻る前に実施する。気絶・保定・吊り下げ・放血は連続して行い、二頭同時には行わない。

化粧品開発における動物実験は禁止の方向

ＥＵでは一九九三年以来、幾度か化粧品開発における動物実験の禁止を表明しているが、その法的禁止にまではたどり着かず、現状としては二〇〇九年までに動物実験の禁止と、二〇一三年までにそのような化粧品販売の禁止をうたうに留まっている。動物実験の規定は以下のとおりである。免許をもつ人間が実施する。三つのＲの原則（第1章第3節で解説）を守る。野生動物ではなく実験動物を使う。麻酔下あるいは鎮痛薬施用下で実施する。実験後に苦痛が続く場合は、有資格者あるいは獣医師の判断で安楽死させる。激しい痛みや苦悩をもたらす実験に二度以上使うべきでない。激しい苦痛が長時間続く実験に関しては説明責任が必要で、認可者が人間や動物にとって必要不可欠の実験であると認める必要がある。そして、できるだけ定期的に情報公開する。実験動物供給は認可制とし、野生化したり遺棄された動物は使わない。

以上の法的規定は、膨大な人と時間と金をかけてアニマルウェルフェアを科学的にとらえ、政治家、科学者、農業者が膝をつきあわせて何度も討論した結果、つまりＥＵの汗と涙の結晶である。ＥＵでは、アニマルウェルフェアが成熟社会の必要条件と考えられているのである。

2　日本では動物保護は愛護に観念化した

わが国では、平成一二年（二〇〇〇年）一二月より「牛、馬、豚、めん羊、やぎ、犬、ねこ、いえうさぎ、鶏、いえばと、あひる、その他、人が占有している哺乳類、鳥類又は爬虫類」を対象とした「動物の愛護及び管理に関する法律」（通称、動物愛護管理法）が施行された。これは昭和四八年（一九七三年）に成立した「動物の保護及び管理に関する法律」（通称、動物保護管理法）を一部改正したものである。「保護」は、より観念的な「愛護」という情動を含む用語へと変化した。この点が、西欧世界とは大きく異なり、わが国のアニマルウェルフェア法の特徴となっている。「愛護」とは「かわいがり、大事にすること」であり、「かわいい」という情動と「大事にする」という行為が含まれ、しいていえば英語の kindness に類似する。西欧世界ではアニマルウェルフェアを「かわいそう」(compassion) という情動を原点に、それを取り除くための基準を法的に規定し遵守することで達成しようとしている。それに対し、わが国では「かわいい」情動を原点に、「普及啓発」を中心として、基本的には自主管理により達成しようとしている。とはいっても、わが国の「動物愛護管理法」にも適正な飼養および管理に関する基準も罰則も含まれている。

改正のポイントは、大きく五点に集約できる。ひとつめは、国および地方公共団体が「動物愛護管理法」の「普及啓発」に努めるべきことを明記したことである。動物愛護週間（九月二〇日から二六日、秋の彼岸）には「動物愛護ふれあいフェスティバル」などが日本の各地で開催され、それらを通して動物の愛護と適正な飼養に関する教育・広報が期待されている。

二つめは、動物取扱業者に対する規制とそれを監督する動物愛護担当職員（地方公共団体）の創設である。ペットの露天販売や移動動物園などで寒さや暑さへの対策のなさ、檻の狭さ、糞尿処理の不備、給餌の不十分さなどはしばしば動物愛護団体により指摘されていた事項である。ここでいう動物取扱業者には、畜産動物（乗用馬も含む）および実験動物に関する業者は含まれていない。

三つめは「犬、ねこ」の飼養管理・繁殖制限・里親あっせんなどの活動をしてもらう「動物愛護推進員」（民間人）の創設である。開業獣医師、動物訓練士、動物愛護団体などへの依頼や公募を通して、都道府県知事から委嘱される。

四つめは、多頭数飼養や危険な動物飼養に関する規制を定めたことである。その観点から愛護動物に新たに「爬虫類」が加わったが、これは西欧で議論されたような痛みを感受できる動物として拡大されたものではない。イヌやネコの多頭数飼育は、劣悪な飼育環境や生活環境への汚染などの観点からしばしば問題になる。また、カミツキガメなどの危険な動物の自然繁殖が新聞をにぎわすこともある。それらに対応して、愛護というよりも愛護動物による人間への侵害防止を規定するために改正されたのである。

五つめは、罰則の強化である。正当な理由もなく身勝手に殺したり、傷つけたりした場合には一年以下の懲役または一〇〇万円以下の罰金、衰弱させたり、遺棄した場合は三〇万円以下の罰金という規定で、従来の三万円以下を大幅に上回る罰則となった。

以上のように、わが国の動物愛護管理法は対象動物として、はじめに「牛、馬、豚、めん羊、やぎ」などの家畜名をならべているが、「かわいがる」対象は、ペットおよび展示動物に特化している点も特徴である。世界的には二〇〇五年を目途に、家畜に関するウェルフェア問題が非貿易的関心事項として世界貿易機関（WTO）において、また予防獣医学的措置として国際獣疫事務局（OIE）において議論されているが、わが国ではそれに関する議論もなく、研究もほとんど展開されていない点はきわめて問題である。

この節の表題で「日本では動物保護は愛護に観念化した」とはいったが、適正な「飼養及び保管に関する基準」も作成されてはいる。改正前の「動物保護管理法」の規定のもとに、昭和五〇年（一九七五年）に「犬及びねこ」、昭和五一年（一九七六年）に「展示動物等」（動物園、水族館、公園で飼養展示されたり、映画などの興行で使用される動物および販売用に展示される動物）、昭和五五年（一九八〇年）に「実験動物」、昭和六二年（一九八七年）に「産業動物」（家畜）の「飼養及び保管に関する基準」がつくられている。そして、前節で述べたように、改正後はペットおよび展示動物への特化ということで、まず「犬及びねこ」基準は「家庭動物等の飼養及び保管に関する基準」（平成一四年五月二八日告示）として、「展示動物等」基準は「展示動物の飼養及び保管に関する基準」（平成一六年四月三〇日告示）として見直されている。

家庭動物は十分に社会化した後に譲渡する

「家庭動物等の飼養及び保管に関する基準」は動物愛護管理法のもとに作成されたものであるが、元来家庭動物とは自発的に「かわいがる」対象であるため、ウェルフェアへの規定はじつに明快である。必要な運動・休息・睡眠をとらせ、適正な飼料と水を与え、健康管理に努め、飼養施設では適切な日照・通風・温度・湿度を維持し、輸送にあたってはストレスに配慮し、健全に成長させ、本来の習性を発現させることがうたわれている。それ以外では、責任の所在を明らかにするため名札、脚輪、マイクロチップなどで個体識別すること、譲渡は困難なので終生飼養すべきこと、周辺の生活環境を汚染しないこと、管理がむずかしくなるので繁殖を制限すること、共通感染症に注意すること、脱走や危害の発生防止を考慮することが規定されており、ヒトや生態系に対する危害の防止が中心の基準となっている。

第2章第3節で指摘したように、管理者との関係に由来する苦痛・苦悩の存在が知られているが、ヒトとの関係がきわめて密接な家庭動物では、それへの配慮はとくに重要である。その意味で、この基準のなかでイヌとネコの社会化に言及していることは適切である。社会化期とは子獣が母親との関係から仲間との関係に移行する時期で、子獣は社会関係形成にたいへん感受的になる（図3・4）。この時期にヒトと十分に接触することで、その後の動物とヒトとの関係を良好に保てる基礎を築くこ

図 3. 4　イヌの社会化期とそのときの特徴的行動（Nott, 1997 より改変）

とができる。社会化期は、ネコもイヌも三週齢くらいから一〇～一四週齢くらいといわれており、そこで十分にヒトと社会化できた後での譲渡を求めている。

動物本来の形態、生態および習性を展示する

「展示動物」の適正な飼養方法に関しては、前述の「家庭動物」の基準とほぼ同様であり、「展示動物の飼養及び保管に関する基準」の特徴は、「適正な展示」の基準にある。まず、不具動物・傷病動物の展示や生き餌給与の展示では十分な説明を観覧者に示し、残酷な印象を払拭し、餌となる動物の苦痛を軽くすることに配慮するよう要請している。そして、本来の形態を損なうような施術や着色などをせず、演芸をさせる場合には訓練が過酷にならないように定めている。

動物には、正常体温を保つことや酸素が必要であることなどの生理的要求と同時に、砂浴びをしたい、あるいは舌を巻きつけて草を食べたいなどの行動的要求もあることは第2章第3節で述べた。したがって、以上の要件に加え、動物本来の形態、生態および習性を展示するには、動物の要求を満たすことが基本的に重要であり、アニマルウェルフェアレベルを高めることがポイントとなる。そのためには、飼育環境を多様化（エンリッチメント）する、すなわち適正な刺激を適正な場所に配置することが重要であることはいうまでもない（図3・5）。それは、展示動物の基準の「基本的な考え方」において、「展示動物にとって豊かな飼養及び保管の環境の構築に努めること」としてうたわれている。そして隠れ場、遊び場、排泄場、止まり木、水浴び場、庇陰場などを備えることとされている。

図 3.5　エンリッチメントされたサル舎
環境をエンリッチするとは，自然にすることではなく，正常行動を引き出す刺激を適正に配置することとの考えにもとづくため，見た目は自然ではない人工物がよく使われる．

しかし、人工環境でもなるべく無理なく生活できるように選抜された畜産動物や家庭動物とは異なり、展示動物とは元来の生息環境から切り離された野生動物である。そのため、すべての適正な刺激を人工環境のなかに配置することはきわめて困難でもある。

展示動物の基準では、演芸はアニマルウェルフェアを阻害する可能性をもつものとしてとらえられているが、アニマルウェルフェアを促進する可能性もある。演芸とは、餌などの報酬と報酬とは直接的には関係のない行動とを結びつける連合学習の一種である。京都大学霊長類研究所の松沢哲郎教授を中心とするアイ・プロジェクトチームでは、チンパンジーにコンピュータを利用して言葉を教え、

図3.6　タイでのエレファントショー（上）とマレーシア動物園での演芸ショー（下）

チンパンジーの認知能力を長年研究しているが、その手法は連合学習が基本である。はじめは報酬として干しぶどうやリンゴを与えるが、チンパンジーは学習が進むにつれて餌がなくても熱心に学習に取り組むようになるという。すなわち、そこでは「正解」が報酬となり、複雑な学習行動の達成により快感が生じる可能性があることを意味するのである。本来の生態や習性ではないが、演芸が「喜び」情動を促進し、アニマルウェルフェアレベルを向上させる可能性がある。

展示動物に演芸をさせることは、日本を含むアジアの動物園での展示の常套手段である（図3・6）。かかわりを重視するアジア人の特徴に由来する展示ではあるが、人工環境のなかでウェルフェアを改善できるひとつの手法として、今後研究していく必要がある。「喜び情動」の研究ならびに作業療法的な意味をもつ演芸の研究は、アジア圏のアニマルウェルフェア研究者にとって課題のひとつであるに違いない。

倫理基準をクリアしない動物実験は掲載できない

私たちがもっとも関係する国際雑誌である「応用動物行動学」誌（Applied Animal Behaviour Science）の投稿規定には、動物実験はＷＨＯ（世界保健機構）とＵＮＥＳＣＯ（国連教育科学文化機構）が共同で設立したＣＩＯＭＳ（国際医科学機構協議会）の作成による「動物利用による生物医学研究の国際指針」に適合しなければならないと書かれている。また、日本では、日本畜産学会の機関誌である“Animal Science Journal”の投稿規定では、動物実験は倫理的に受け入れられるように実施し、その実施施設は研究目的で使用される動物に関する国内指針に適合しなければならないとされ、動物に不必要な苦痛、ストレス負荷、苦悩、あるいは持続的危害を与えた実験による論文は掲載しないとされている。このように国外・国内を問わず、ほぼすべての科学雑誌の投稿規定には、動物実験におけるアニマルウェルフェアの遵守が明記されている。

わが国の国内指針とは、基本的には前述した「動物愛護管理法」とそれにもとづく「実験動物の飼養及び保管等に関する基準」である。「飼養及び保管等」(筆者傍点)とあり、「実験動物」の飼養管理基準に加え「動物実験」の基準も含まれている。基準の告示と同時にその解説が出されており、そこには単純なものへの置き換え(replacement)、むだな実験の排除(reduction)、および苦痛の排除(refinement)という世界的に受け入れられている三つのR倫理が記述されている。これをより推進させるため、文部省(当時)は一九八七年に「大学等における動物実験について」という通知を出し、各研究機関に対して「動物実験指針」の作成を指示し、その適正な運用のために「動物実験委員会」の設置を求めたのである。したがって、わが国で実施される動物実験は、各機関が設置した動物実験委員会の認定を受けている。実験動物のアニマルウェルフェアはひとえに委員会の充実にかかっており、その責任は重い。

家畜は愛情をもって飼うように努めよ

これまで述べてきた家庭動物、展示動物、実験動物の基準に比較して「産業動物の飼養及び保管に関する基準」はいたって簡単である。「産業動物の生理、生態、習性等を理解し、かつ愛情をもって飼養するように努めるとともに、責任を持ってこれを保管し、産業動物による人の生命、身体又は財産に対する侵害及び人の生活環境の汚染を防止するように努める」こととある。そして、愛情の表現として「大事にする」こととは、疾病や寄生虫の防除のために衛生管理に努め、疾病・負傷した家畜はすみやかに適切な措置をし、使役などの利用にあたっては虐待の防止に努めることとなっている。基準の解説書はよくできた旧来の家畜管理学の成書であり、その意味で、私は宮崎大学教員時代に、アニマルウェルフェアの教科書ではなく家畜管理学の教科書として大いに利用したものである。このように、基準はあくまで管理する側からの視点であり、管理される側である動物からの視点、すなわちアニマルウェルフェアを指向したものとはいいがたい。

家庭動物の取扱業者も、私立の動物園も、動物実験研究もすべて経済活動であるが、規制にともなうコスト上昇は、受益者へ回すことが比較的容易である。それに対し、畜産動物の飼育に関しては、現代社会では「食」と「農」の距離が離れすぎているために、コスト増を消費者へ還流することは非常にむずかしい。さらに、ペットを飼わず、動物園に行かない人は多いが、乳肉卵を食べない人はきわめて少ないので、畜産におけるコスト競争は非常に厳しい。そこで、各農家のスタートラインを一緒にするため西欧ではいちはやく厳密なアニマルウェルフェア基準を作成するという戦略をとった。わが国ではアニマルウェルフェア基準を明確にせず、「愛護」という観念に昇華することで、スタートラインを曖昧にする戦略をとった。EUはさらに政府・動物福祉団体あげてスタートラインの世界統一化を目指している。そのような潮流に対処するため、世界レベルでの「動物への配慮」倫理の検討を早急に開始しなければならない。

3　動物が幸せな飼育法の提案

アニマルウェルフェアの視点に立った動物飼育法は、現在の飼育方式の改善およびまったく異なる発想による代替法の両面から研究されている。前者は環境エンリッチメントといわれ、採卵鶏のケージに巣箱、砂浴び場、および止まり木などを設置したり（図3・3）、豚舎の床にオガクズを七〇～八〇センチメートルも深く敷いたり、マウスのケージにかじることのできる木製巣箱を入れたり、チンパンジーにアリ釣り様行動をさせるために給餌器を工夫したりする方法である。この方法は、現在の飼育方式を大きく変えることなく安価にある程度ウェルフェアレベルを改善できる方法として、さまざまな動物飼育においてさかんに研究されている。それらは別書にゆずり、ここでは私の考える究極の飼育法を紹介し、動物の生活のＱＯＬ（Quality of Life）、幸せとはなにかを考えてみたい。

ブタもパンのみに生きるにあらず

私は、一九八五年に妻と子ども三人を連れて、スコットランドにあるエジンバラ大学のウッドガッシュ教授のもとへ留学した。文献上で知ったアニマルウェルフェアは、実際にどのような基礎研究が行われ、飼育システムとしてどのように応用されているのかを知ることが留学のおもな目的のひとつであった。自分自身の研究に関する相談はそこそこに、まずストルバとウッドガッシュが開発した養豚システム（エジンバラ・ファミリーペン方式）を見学させてもらった（図2・11参照）。もっとも衝撃的だったことは、ブタがじつにいきいきし、ヒトに慣れていることであった。私が豚舎のなかに入っても気にかけることなくそのまま行動し、ときには近づきにおいを嗅ぎ、なでてやるとおとなしくそれを受け入れた。皮膚はピンク色に輝き、活動的で、いかにも健康そうな様子に感動したのである。それまでのブタに対するイメージは、キーキーと神経質そうに鳴き、一目散に逃げ、ときには噛みつくというとてもかわいくない動物というものであった。そのイメージがまったく異なることに驚き、そこでみたブタの様子にカルチャーショックを受け、思わず頭に浮かんだ言葉が「ブタもパンのみに生きるにあらず」であった。

ストルバとウッドガッシュは、アニマルウェルフェアに配慮した飼育方式とは「野生生活で出現する全行動を、豚舎内で発現させること」であると考えた。まず、数頭の成雌豚とその子豚や若雌豚を松林、ヤブ、沼地、小川を含む一ヘクタールの原野に放牧し、そこで発現する行動、その持続時間、行動を引き起こした刺激、さらには行動の繋がり（朝起きた後に移動して排糞するなど）を詳細に記録した。そして、従来の飼育面積と同じ程度の豚舎内に、行動を引き起こした刺激を適正に配置することで、野生下で発現する行動を再現させようとしたのである。豚舎設計のポイントは、①林縁での生活に似せるため、豚舎は屋根つき部と屋根なし部をつくる、②採食場所は巣から離す、③巣は直径二〜三メートルとし、三方が囲まれ一方の視界が開けている、④朝の寝起き時の排糞は巣から離れて行われるので、排糞場を巣から四・五〜一一メートル離す、⑤日中はヤブのなかの通路に排糞するので、それに似せた通路をつくる、⑥穴掘りや転げ回るのに適当な材料（ピート、樹皮など）を与える、⑦体を擦りつける柱や鼻で持ち上げるバーベル様の棒を備える、⑧野生下では雌豚四〜六頭が家族群をつくることから、二頭の成雌豚と二頭の若雌豚をその子豚とともに飼う、⑨雄豚は繁殖時に家族群と一緒に生活することから、各家族群にそれぞれ一・五カ月程度同居させる、などであった。

それらのもとに完成した方式が、エジンバラ・ファミリーペン養豚方式である。図2・11には二つの家族が同居する豚舎が描かれているが、このセットが前方の通路を通して連結して、一家族群豚舎となる。四頭の雌豚どうしは血縁であるため、たがいに親和的であり、巣を訪れあい、年齢差があるため社会的順位は安定し、闘争行動はほとんど起こらない。子豚どうしも入り乱れて遊ぶが、親子関係が堅固であるため、ほかの母豚の乳を飲んだりすることもない。分娩後三週目に雄豚を入れるが、まだ離乳もしていないのに雌豚に発情が戻り、受胎する。哺乳中に発情が回帰することは、近代飼育方式では考えられない現象である。子豚は強制的に離乳されることもなく、母豚から離されてほかの子豚とともに別の豚舎で飼育されることもないため、増体は停滞することなく、連続的に成長する。

この飼育方式で飼われたブタは、はじめに述べたように新奇な刺激に対してもとくに興奮することもなく落ち着いており（図2・12参照）、葛藤行動や異常行動はまったくみられない。そして雌豚が

図 3.7　桑園放牧による養鶏方式

育て上げる子豚の数や子豚の肉生産量が多い。エジンバラ・ファミリーペン養豚方式は、高いレベルのアニマルウェルフェアを現実化するものとして高く評価できる。餌と寝場所だけ与える近代畜産方式に比べ、「パン」以外の必要を満たすための豚舎構造は複雑である。したがって、建築費がかさみ除糞作業に苦労が多いことは否めず、その結果、一〇パーセント程度のコスト上昇は不可避である。どの方式を採用するかは、生産者と消費者の意識にかかっているのである。

桑園放牧と平飼い施設による養鶏

一九九〇年ごろに私が頻繁に調査に通った宮崎県綾町の庭先養鶏農家は、アニマルウェルフェアという視点からみるときわめて興味深い飼育を行っていた（図3・7）。第二次世界大戦前のわが国の代表的農作物であった養蚕は戦後徐々に衰退したが、この地では養鶏と結びつくことで脈々と続けられてきた。桑園管理労働の半分を占める除草に、ニワトリの放牧が行われてきたのである。ニワトリは桑の葉の一部を摂食するが、鶏糞は桑園への肥料となる。つまり、物質循環的な畜産方式である。そして、夜間の就寝用止まり木や産卵用の巣箱を設置するため、エイビアリー方式の鶏舎も併設されていた。エイビアリーとは西洋の貴族が好んで使った野鳥用の飼育かごで、わが国のように一～二羽を入れるカゴではなく、群で飼うためのカゴであり、日本には適切な訳語はない。採卵鶏用のエイビアリー方式はスイスを中心に一九八〇年代にさかんに研究され（図3・3）、そこでは群飼できるスペース、産卵用の巣、高さのある止まり木、自然光、つついたり引っかいたり、砂浴びできる場所が提供される。

スイスのチューリッヒ大学やドイツのカッセル大学において養鶏用のエイビアリー研究に尽力したデトロフ・フォルシュ（D. Folsch）によると、本章第1節での代替法基準よりもさらにゆとりのある施設が必要であるといい、巣場所には細かく切ったワラや籾殻などの巣材を用意し、囲いをつけ四〇センチメートル四方とし、五羽あたり最低一カ所あるいは共同巣なら五〇羽あたりに一平方メートルの巣場所の提供を求めている。止まり木は、直径五センチメートル程度の丸あるいは四角の材料で、水平距離最低三五センチメートル以上の間隔をあけて、数段の高さで壁に近いところに設置すべきであるとしている。つついたり、引っかいたり、砂浴びできる場所にするために、床には一〇センチメートルの厚さでワラを敷き、穀物をその上からまくことも推奨している。また、餌の種類を多くすることにより摂食行動が多様になるため、仲間へのつつき行動（図1・5参照）を抑制できる。ニワトリは四〇～八〇羽くらいしか他個体を識別できないので、群サイズは八〇羽以下とする。放牧も重要

図 3.8　エイビアリー＋放牧方式における採卵鶏
目の前でカメラのフラッシュを点灯しても，ニワトリはまったく驚かない．寄ってきて靴をつついたり，やさしくなでれば逃げることなくそれを許容する．

で、通常の活動時間の半分を屋外で過ごすと、ニワトリの恐怖反応性は低くなり、とても人なつこくなる（図3・8）また、屠場へ輸送した後の恐怖反応性も低くなる。

スイスなどで提案されたエイビアリー方式ほど科学的に洗練されてはいないが、桑園養鶏方式でもニワトリの行動は多様で正常であった。図3・9にはケージ飼育と桑園放牧におけるニワトリ（褐色レグホーン種）の行動比較を示した。ケージ飼育では、水を飲んだり餌を食べる摂食時間と羽繕いの時間が有意に長く、桑園放牧では地面をつついたり、地面をみながら歩いたりの環境探査と歩行運動が有意に長かった。ケージ飼育での摂食時間には、つ

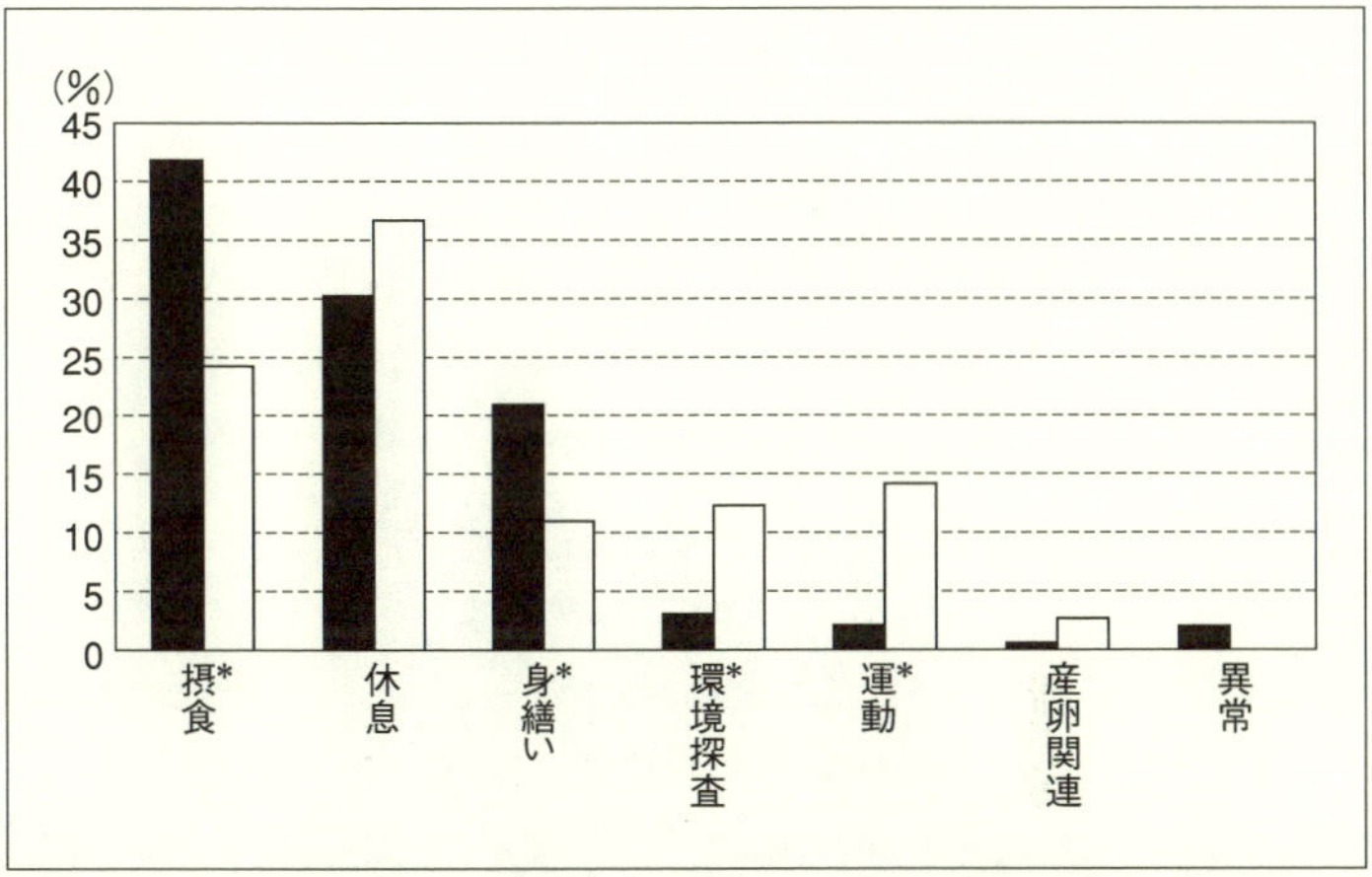

図 3.9　ケージ飼育と桑園放牧におけるニワトリの行動の違い（上野・佐藤，1991 より改変）

■：ケージ飼育，□：桑園放牧，＊：「ケージ飼育」と「桑園放牧」間の差は統計的に有意である．すなわち，ケージ飼育鶏は摂取行動と身繕い行動が多く，桑園放牧鶏は環境探査行動や運動が多い．異常行動は，ケージ飼育でのみみられた．

つくだけで餌の摂取をともなわない偽摂食行動が三〇〜五〇パーセントも含まれるという報告もある。ケージ飼育では偽砂浴びや羽食いといった異常行動がみられ、桑園放牧では巣づくりなどの産卵関連行動が多くみられた。

このように、ケージ飼育では転位行動、転嫁行動、異常行動といったアニマルウエルフェアの阻害指標が多発していることが読み取れる。しかし、卵重はケージ飼育で重かったものの、鮮度を示す黄身や白身の盛り上がり指数（ハウユニット値）や卵黄・卵白・卵殻の構成比には差はなかった。すなわち、生産物にはほとんど差はないが、EUの試算によるとコストは一六パーセント上昇するとされる。肉体的にも心理的にもストレスがなく、

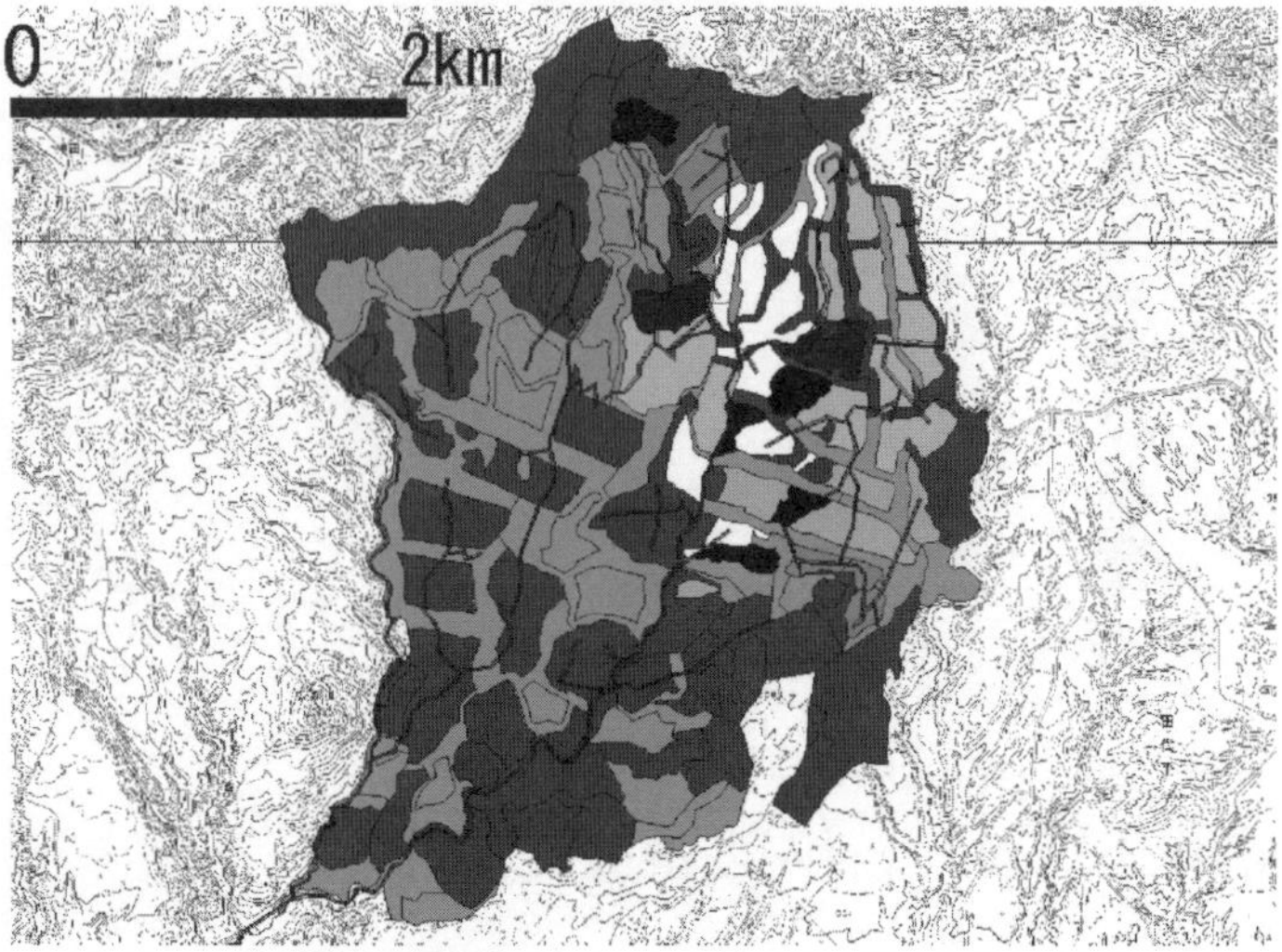

図 3.10　鹿角放牧共用林野の地図（杉山・佐藤，2004 より改変）
濃度の違いは，広葉樹林，スギ・カラマツ林，複層林などを示す．

家畜を健康に飼うためには、この程度のコスト増は不可欠なのである。

究極の飼育法——無牧柵放牧

わが国の林野面積は二五〇〇万ヘクタールといわれ、世界有数の林野保有国である。その林野の三分の一弱が国有林であるが、国有林のなかへの牛馬放牧が認められる放牧共用林野契約という制度が現在も存在する。この制度は、江戸時代の入会慣行地、明治時代の農民へ森林管理を委託する委託林制度を経由し、一九五一年に開始された。きわめて古い歴史をもつ放牧慣行である。契約期間は最大五年間であるため、五年ごとに再契約をする。契約数や契約面積は近年、急激に減少してきているが、平成一〇年の調査では、東北地方を中心に五九カ所、一万六〇〇〇ヘクタール

図 3.11　鹿角放牧共用林野のウシ
上：植林後 5-6 年のスギ林とそれを取り囲むブナ林で摂食するウシ，下：スギの複層林（40 年林と 5-6 年林）で休息するウシ．

で契約が継続されている。

林野の保護義務を共用者が負い、木を切ったり、柵をつくったりといった特別な施業を行わない場合には使用料は無料となるが、全国でただ一カ所、秋田県鹿角市に使用料無料の無牧柵放牧契約が残っている。そこにはブナ林で囲まれた林齢の異なる一〇ヘクタール程度の林班が、モザイク様に存在している（図3・10）。二本の大きな沢があり、そこにはイワナが生息し、春にはコブシ、山桜、ホウノキ、ツツジなどが咲き乱れ、秋にはカエデやブナが赤や黄に色づき、とても美しい場所である（図3・11）。

八農家から三〇頭程度の日本短角種という在来種肉用牛雌牛とその子牛が預けられ、一頭の雄牛とともに田植え前の五月上旬から稲刈り後の一〇月中旬まで放牧される。放牧の間に子牛はすくすくと育ち、雌牛は妊娠する。私たちはそこに放牧されているウシを日の出から日没まで追跡したり、ウシにGPS（カーナビなどに使われる全地球測位システム）をつけたりして、一九九六年以来その生活調査を続けている。その結果、ウシは血縁や出身農家をもとに平均五〜一五頭の群をつくり、まだ若い植林地におもに生える草本・木本・つる植物九〇種を食べ、壮齢林や防風林であるブナ林で休息していることが明らかとなった。さらに一日に利用する面積は一三〜一四ヘクタールで、年間利用面積は八〇〇ヘクタールにも達することも明らかになった。

野生的飼育法であるにもかかわらず、母牛はおとなしく、褐色の被毛は金色に輝き、子牛は健康的に増体する。ウシは多様な場所を選択し、暑熱や寒冷にさらされれば壮齢林やブナ林に入り、穏やか

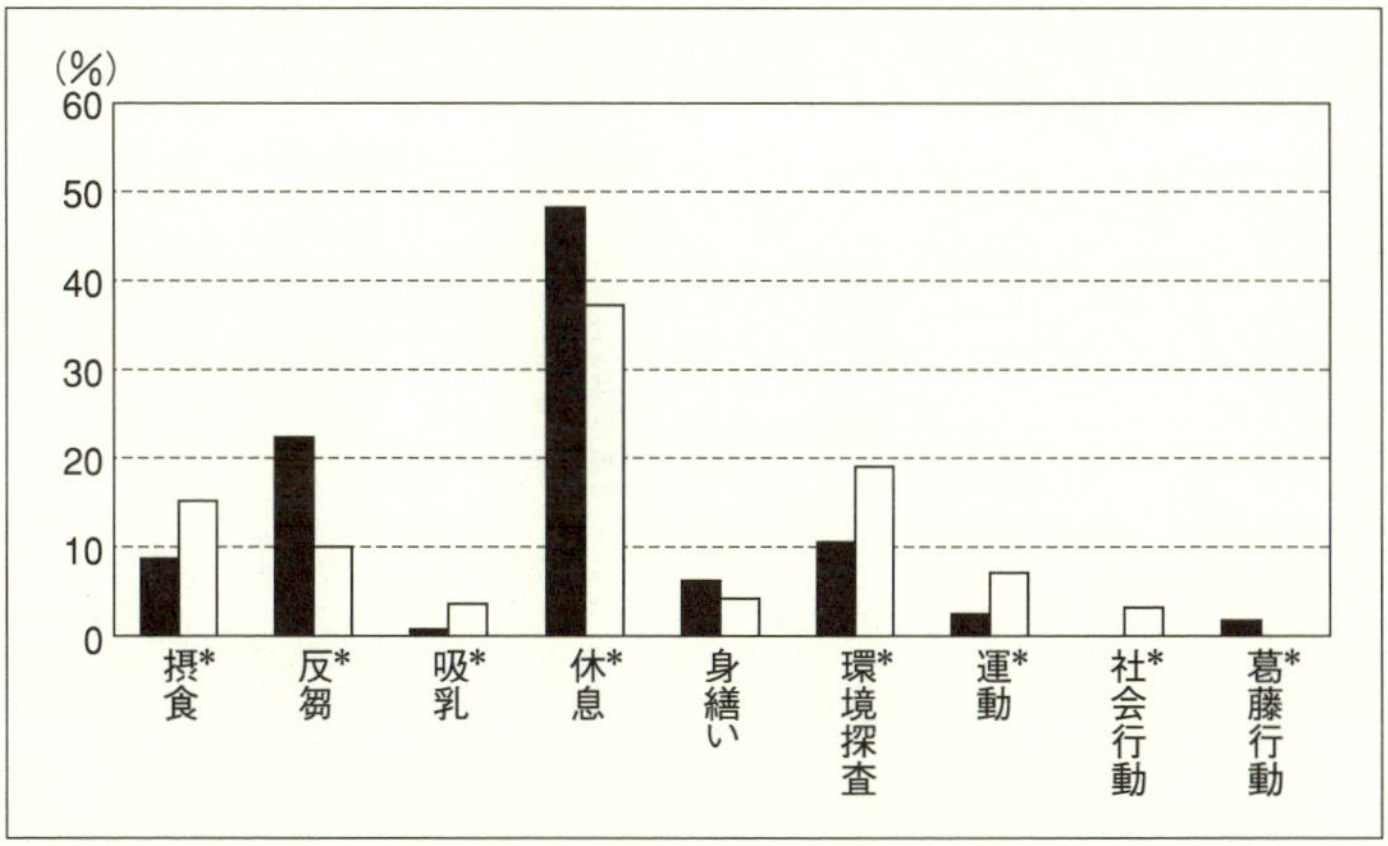

図 3. 12　30 日齢の人工哺乳子牛と自然哺乳子牛の行動比較（Sato and Kuroda, 1993 より改変）

■：人工哺乳，□：自然哺乳，＊：「人工哺乳子牛」と「自然哺乳子牛」間の差は統計的に有意である．人工哺乳子牛は反芻行動，休息行動が多く，摂食行動，吸乳行動，環境探査行動，運動が少ない．人工哺乳子牛は単飼のため社会行動はできない．葛藤行動は人工哺乳子牛でだけみられた．

なときには開けたところで生活する。さまざまな植物のいろいろな部位を選択して食べ、さらに仲間と一緒に生活し、子を育て、雄と交尾できる機会をもつ。母と一緒に放牧されて育つ子牛と母から離されて畜舎で人工哺乳されて育つ子牛との行動を比較した（図 3・12）。行動はまったく異なり、母牛や仲間と一緒に放牧された自然哺乳子牛の行動は、母の乳首に長時間すがり、環境を探査し、運動し、仲間と遊ぶなど多様である。一方、人工哺乳子牛の行動は休息や反芻、柵などを吸う葛藤行動が目立った。このように、ここでは全行動レパートリーが発現し、葛藤行動や異常行動はまったく出現しない。

放牧共用林野では二〇〜三〇ヘクタールに一頭の割合で放牧され、山野の野草はウシに食べられても自然に再生産され、牧草の種まきや施肥の必要もなく、無牧柵のため柵を張る費用も維持費もかからない。この方式のむずかしさは、ひとえに熟練した「べゴまぶり」(「べゴ」はウシ、「まぶる」は監視するという意味の方言)の平均五時間にもおよぶ監視労力と数日間にわたる捕獲労力の確保にある。この監視と捕獲作業の自動化が開発されれば、古来より行われてきた超古典的飼育法が、究極のアニマルウェルフェア飼育法として現代的によみがえる。われわれは農水省の研究費により、二〇〇三年から五年計画で「牛の行動特性利用による低投入・軽労型肉用牛林間放牧技術の開発」というテーマのもとに、この放牧共用林野技術の現代的再構築に取り組んでいる。

これまでの畜産技術では、まず植物に窒素、リン、カリウムが必要であれば化学的に生成して投与し、さらに動物にタンパク質と高エネルギーの飼料が必要であれば、それに合った植物を育種して給与した。虫がつけば殺虫剤をかけ、目的としない植物が生えれば雑草とよび、除草剤をまいた。そして、家畜は高タンパク質・高エネルギーの畜産物を提供するために選抜され、生産へのエネルギーを浪費しないように、土地あたりの生産性を高めるように拘束され、病気にならないように、予防目的で薬が恒常的に給与されてきた。すなわち、生産性に影響する要因を探り、それらを物理的・化学的に明らかにし、その効果を最大化することで、総体としての生産性を高めてきたのである。しかし、植物に吸収されない肥料は流出し、生産性を高めることに特化した植物や動物は生体としてのバランスを欠いて病的になり、薬物の多用は畜産物への残留と薬剤耐性菌の発生をもたらした。

還元的研究により構築されてきたこれまでの技術は、全体的な視点に立った生物学的な技術として再構築される必要がある。らせん階段を登るように還元論と全体論を繰り返して技術を洗練することが重要である。この節で紹介した飼育法は、昔の技術への回帰ではなく、物理的・化学的な還元論的研究を統合し、畜産という生物学的技術として再構築する次世代型技術なのである。

以上、家畜がいきいきと健康に暮らし畜産としても生産性に優れるエジンバラ・ファミリー養豚方式、桑園放牧養鶏方式、放牧共用林野肉用牛生産方式を紹介したが、そのなかで家畜は、あらゆる正常行動を発現している（表2・2参照）。環境を探査し、多様な食物を食べ、休み、身繕いし、遊び、そして仲間を捜し、仲よくしたり、喧嘩したり、さらには恋をし、子を育てているのである。そのような正常行動が自らと子孫の生存に役立つように適切に発現するには、自分の行動能力をフルに活用しなければならない。畜舎のなかの生活とは異なり、気象環境は穏やかではなく、群飼であるために仲間との摩擦もあり、探査しなくてはならないので運動も多い。一方、休息はけっして多くはない。見た目には楽な生活ではない。しかし、そのなかで家畜は目を輝かせはつらつとし、健康的である。応用動物行動学者は、すべての行動が機械によって代替され、探査することもなく食事が目の前に運ばれてくる安楽な生活ではなく、自らの行動能力をフルに活用し、食べて、寝て、遊んで、恋をして、子を育てるために大いに働く必要のある生活こそ、動物にとって高いアニマルウェルフェアレベルを保障する「幸せ」な生活であると考えるのである。

第4章 「動物への配慮」の系譜

1 日本には動物虐待の歴史はないのか

前章で、動物への配慮は、西欧では法律として具現化し、日本では「愛護」という情動を推進することで観念化したことを述べた。西欧のこの動きは、デカルトに始まる近代合理主義の発想からの展開ともとれる。懐疑的に物事をみつめ（懐疑の規則）、問題を部分に分け（分析の規則）、部分から順序を想定して全体の認識に至り（総合の規則）、ふたたび全体をみわたし再検査する（枚挙の規則）という作業仮説の忠実な実践である。すなわち、アニマルウェルフェアにおいて、まず「動物の苦痛という部分」に注目し、それを科学的にとらえることで「苦痛の原因」を特定し、それを規制することでアニマルウェルフェア問題を解決しようとしている。

一方、わが国には、明治以前には西欧近代風の科学がけっして開花しなかったという風土や国民性がある。西欧では、元来薬物学であった本草学は独自の分類法を生み出し、リンネの「自然分類体系」により博物学として科学に展開した。しかし、わが国の「本草学」は動植物と鉱物を薬効により分類したが、それは技術のままであり、自然を認識するための科学には発展しなかった。

このような仮説は、そのままわが国のアニマルウェルフェア問題への対応にもあらわれているともいえる。たとえば、問題点を「年少者による動物虐待の事例が社会的関心をよんだことにかんがみ、……」(「動物愛護管理法」成立時の参議院による付帯決議)という点に集約し、それは「国民の動物愛護意識の向上」で解決するという方法である。風土に根ざした国民性に由来するこれらの行動規範は、ほかの側面においてもアニマルウェルフェアへの対応に大きな影響を与えている。

西欧には激しい動物虐待の歴史があった

西洋中世史が専門の東京大学教授の池上俊一は『動物裁判』という著書のなかで、一三世紀から一七～一八世紀に至るまで西欧の各国で動物の裁判や処刑が常態的に行われていたことを紹介している。そこでは、ヒトや家畜を殺傷したり、畑や果樹園を荒らしたり、魔術にかかわるブタ・ウシ・ウマ・イヌ・ネコ・ヤギ・ロバなどの家畜が逮捕・監禁され、裁判後、有罪なら絞首、斬首、石打ち、溺殺、生き埋め、磔刑、四つ裂き、切り刻みなどの刑に処されたという。ヒトへの裁判を動物へも拡大したものであるが、悪意のない動物に罪を帰せるということは、十分に虐待である。しかし、池上がさらに紹介するように、裁判抜きの類似の行為が憂さ晴らしを目的に、しばしば民衆の間で勝手に行われていたとされ、虐待の常習化が読み取れる。その本のなかで、一八世紀イギリスの風刺画家であるウイリアム・ホガースの「虐待の四段階」版画シリーズから、動物虐待を描いた第一段階めが紹介されている。ネコの尾に縄をつけ逆さ吊りにしたり、イヌにネコを嚙みつかせたり、イヌを押さえつけて肛門に矢を刺したり、闘鶏をさせたり、トリの目を焼きごてで傷つけたりする様子が嬉々とした市民とともに描かれている。このような動物虐待は版画で指摘されたように、市民から批判的にみられていたにせよ、日常化していたと考えられる。

そのような動物虐待がキリスト教で正当化されていたことは、第1章第2節で紹介したシンガーの『動物の解放』や動物行動学的視点からの人間やペット観察で著名なデズモンド・モリス（D. Morris）の『動物との契約』などでしばしば紹介されている。とくに、マサチューセッツ大学のジェイムス・ターナーの『動物への配慮』は圧巻である。彼は、西欧人が「動物への配慮」思想をどのように形成したかを歴史的に考察している。

第1章で紹介したように、キリスト教では動物は魂をもたず、ヒトは全生物の最高位として動物を支配下に置くことが正当であった。愛と寛容を説くキリスト教が動物虐待を許容した背景には、動物に対して人間が優越的存在であるという聖書の記述とともに、動物を崇拝する異教を弾劾する目的があったともいわれている。

さらに西欧で動物虐待が日常化した背景には、先ほども述べた近代合理主義をもたらしたデカルトの機械論的思想が色濃く反映しているともいわれている。デカルトが著わした『方法序説』には、動物はどれほど完全に、またどれほど器用に生まれついたとしても、理性や精神によって動くのではなく、たんに器官の装置にしたがって動くだけであると書かれている。動物はたんなる自動機械であり、ナイフで裂かれて悲鳴をあげたり、焼きごてをあてられ逃れようと身もだえしても、動物が痛みを感じていることを意味しないとした。その発想は、当時さかんに行われた科学的生体解剖や「牛いじめ」や「闘鶏」スポーツの理論的支柱になった。「牛いじめ」とは、杭に雄牛をつなぎ、それにイヌをけしかける娯楽である。イヌはウシの鼻や口に嚙みつき、ウシは角でイヌを突き刺し振り払う。その戦いのためにブルドックという品種を産み出すほど隆盛をきわめたスポーツであった。

一八九七年の『カトリック事典』においてもまだ、「……娯楽が目的であってさえ、……それらを死に至らしめたり苦痛を与えたりすることは合法」との見解であった。このような発想は、いまだに残されているとモリスは指摘している。

日本の土着思想に動物との対立発想はない

日本の土着思想とはなにかを語ることはむずかしいが、日本人の神意識がそれを読み解く鍵となる。門松、鏡餅、お屠蘇、そして初詣などだれもが行う正月行事や、節分、雛祭り、端午の節句、七夕、お月見、秋祭り、七五三、煤払いといった年中行事、さらには成人式、結婚式、家を建てるときの地鎮祭、最後に葬式とさまざまな場面において日本では神道行事が執り行われている。七万カ所にもおよぶともいわれる神社にお参りするとき、意識される神とはどのようなものだろうか。キリスト教やイスラム教で意識される神は、単一で明確な存在である。しかし、わが国の神は姿がみえず漠然とし、祖先であったり、大木や奇岩であったり、富士山や湯殿山などの山自体であったりと、イメージも多種多様である。精力的にアジアの宗教や文化を論じている久保田展弘によれば、日本の神は自然の要素ひとつひとつを象徴し、「気配」として感じるものであり、それはわが国の温暖湿潤の風土を背景にした多神教の世界であるという。

混沌から三柱の神が生まれた。それらは天地を主宰する天之御中主神（あめのみなかぬしのかみ）、万物を生成する高御産巣日神（たかみむすひのかみ）、神産巣日神（かむむすひのかみ）であった。「むす」とは「生む」であり、「ひ」とは神秘な霊力をさす。すなわち、日本の神は命と命を結ぶ不可思議な力をもった存在、新たな生命現象を生み出す力である。そこには、西洋人がもつ自然と人間といった二元対立観念はなく、自然と人間との同根性の意識からくる「自然との合一、宇宙との合一」という共生の世界観が存在している。その究極の体験として、眼、耳、鼻、舌、身、意の六根を清浄にして山岳に分け入り、山岳という純粋生命のなかでさらに清浄化する修験道がある。すなわち、動物も人間も生態系の一構成員として同列であり、たがいの関係のなかからなにかが生まれるという発想である。

立正大学で長年教鞭を執り、幅広い側面から生物学史を論じている中村禎里は、日本人の動物観を昔話から読み解こうとした。まず、『グリム童話』と『日本昔話記録』（柳田国男ほか編）における変身譚を比較している。『グリム童話』では、変身譚の九二パーセントは人間が動物に変身する話であり、悪魔や魔女といった媒介者により疎外体として動物になるという。他方、『日本昔話記録』では、人間が動物に変身する例は三一パーセントほどであり、疎外体としての変身は一三パーセントにすぎないことを紹介し、日本人は動物を劣等視する傾向がきわめて弱いと結論づけた。そして、動物が人間に変身する例は六九パーセントにも達し、そこでは完全に人間性を獲得しており、動物との間の利害をともなわない親近感を指摘している。このような日本人の動物観は、自然性の豊かな風土により育まれた多神教的世界観に由来するものと考えられている。

仏教においても動物は保護される

仏教思想はわが国の動物観に大きな影響をおよぼした。仏教徒が全人口の約九五パーセントを占めるタイでは寺院が各地にみられ、図4・1のように、寺院でイヌがたむろし、日向ぼっこしている風景をよくみかける。タイでは野良犬に狂犬病の予防接種を進めようとしているが、その実施を寺院に依頼するほど寺院周辺は野良犬の保護と繁殖の拠点となっている。仏教が動物を保護する姿勢の一端を垣間見ることができる。仏教は、五三八年に百済から欽明天皇に釈迦如来像、経典、仏具が献上されることで日本に伝来し、六〇四年にはわが国最古の憲法である「憲法一七条」に「篤く三宝を敬え」と記され、国教として採用されたことは、歴史の教科書に記述されている。仏教思想は、王朝時代には天子の道を示すものとして、武家の時代には仁政の基本として、為政の基盤となった。

図 4.1　タイの寺院の階段で昼寝するイヌ

西欧で動物裁判や憂さ晴らしの動物虐待が横行していた一四世紀ごろ、わが国では「つれづれなるままに、日ぐらし硯にむかいて」で始まる吉田兼好の随筆集『徒然草』で動物の苦悩に対する思いが綴られている。西尾実・安良岡康作の『徒然草』（一九八五）によると、一二一段では「……養い飼うものには、馬・牛。繋ぎ苦しむこそ痛ましけれど、なくてかなわぬものなれば、いかがわせん。……走る獣は檻にこめ、鎖をさされ、飛ぶ鳥は、翅を切り、籠に入れられて、雲を恋い、野山を思う愁え、止む時なし。その思い、我が身にあたりて忍び難くは、心あらん人、これを楽しまんや。生を苦しめて目を喜ばしむるは、桀・紂が心なり。……」（「桀・紂」とは中国古代における、夏の桀王と殷の紂王。ともに残虐なる暴君として史上に有名であった）と語っている。さらに、一二八段では

「……生ける物を殺し、傷め、闘かわしめて、遊び楽しまん人は畜生残害の類なり。……彼に苦しみを与え、命を奪わん事、いかでかいたましからざらん。すべて、一切の有情を見て、慈悲の心なからんは、人倫にあらず。」(「有情」とは仏語で心情あるもの。すなわち生きもの)と語り、動物の苦痛への配慮と殺生への嫌悪を訴えている。

仏教は世界で最初に不殺生を説いた宗教といわれており、人間だけではなく動物の殺生をもとがめ、動物供犠を禁止した宗教である。人間をはじめ生きものすべてが、感情や意識をもっているという点で同一であり、それは「衆生」という概念で統一されている。仏教はインドで紀元前六〇〇年ごろに生まれたが、フロリダ大学教授で異色の文化人類学者マーヴィン・ハリスによれば、その当時は半牧畜生活から酪農を含む農耕生活へと生活様式が転換する時期であり、ガンジス川流域の平原の開墾にウシが不可欠となり、農民は牛肉を食べることができない状況であったという。

一方、牧畜民の宗教であった当時のヒンズー教ではウシの供儀と肉祭りが恒常的に行われ、それらはカースト制度の不平等のシンボルとして敵視されるようになった。そのような社会的・経済的時代背景のもとで、不殺生を重視する仏教や歩行中にあやまって虫を踏みつぶすことをも嫌うような極端な反殺生思想のジャイナ教が生まれ、ヒンズー教はウシの保護と崇拝という教義へと変更していった。

このようにしてつくりあげられた農耕民の宗教である仏教は、自然豊かで穀物生産中心の農業構造であるわが国に、インドよりもフィットしたといえる。わが国では弥生時代に稲作とともに牛馬が輸入され、奈良時代には官田二町ごとにウシ一頭が飼われた。江戸時代になっても耕作用や厩肥生産用として数戸に一頭という飼育頭数であり、一九七〇年代までせいぜい農家一戸あたり一〜二頭という飼養状況であった。このような構造が、十悪のひとつとして殺生を禁断とし、それを具体的に実践する放生活動（浦島太郎のように、捕らえられた生きものを放して功徳を積むという考え）を広く受け入れることのできる経済的基盤をつくったといえる。

手なずけられた動物への特別な思い

一六五八年に島津光久が別邸としてつくった日本を代表する庭園である仙巌園（通称、磯庭園）に、一〇年以上前、イギリスの応用動物行動学者であるカイリー・ワシントンを案内したことがある。広大な敷地面積があり、鹿児島の桜島と錦江湾を借景とし、雄大でしかも日本庭園の繊細さも備えた名所である。カイリー・ワシントン女史は、自然と人間の共生システムとしての農業を実践する研究者であり、ウシ、ウマ、ヤギなどと一緒に生活している、ちょっと風がわりな学者である（図４・２）。私は日本人は自然が好きで、庭園のなかに自然を取り込み、自然とともに暮らすことを喜びとしていると紹介した。しかし、カイリー・ワシントンの反応は異なっていた。彼女には日本庭園は自然とはみえず、明らかに整然とした人為が加わった「手なずけられた自然」にみえた。ヒトと動物との関係を語らせたら当代随一のエール大学教授ステファン・ケラートも同様に、日本人は原生的自然ではなく、手の入った、文化的に修飾された自然に好感をもつことを指摘している。このことから、日本人にとって保護の対象と考える動物種や景観は限定されていると考えられる。

図 4.2　マーサ・カイリー・ワシントン女史の家
右手前に馬房や人間用のトイレ，中央奥に牛房と山羊房があり，右中央部屋に食堂がある．2 階は人間用の寝室．私と家族 3 人は 2 階右個室に宿泊した．中央土間はウマ，ウシ，ヤギを引き出し，ヒトと交流できる広場である．

わが国の霊長類学の創始者の一人であり、長く自然保護にかかわってきた京都大学名誉教授河合雅雄は宮沢賢治の作品から日本人の動物観をとらえようと、作品に出てきた動物の分類を試みた。その結果、哺乳類がもっともよく登場するが、そのなかでとくに活躍する動物はウマ、ネコ、ウシ、イヌ、ヤギ、ヒツジといった家畜であり、鳥類のなかでも中心はニワトリであった。野生の動物はキツネ、ネズミ、タヌキ、シカ、ウサギのような里山の動物であり、家畜や人間がつねに行き来する里山に生息する動物こそが、わが国では人間との一体感を醸成する動物であると指摘した。

ありのままを肯定しながらも「手な

ずけ」、すなわち教育された自然に対する敬意は、儒教的発想を反映しているのかもしれない。儒教は、紀元前五世紀に活躍した孔子の教えにもとづく思想体系である。六世紀に百済から五教に通じた博士が来日して伝来するが、仏教と同様に日本人の動物観に少なからず影響を与えたと考えられる。儒教は自然が豊かなアジアモンスーン風土を反映して、現世を快適な場所として肯定し、肉食を否定していないので、王朝時代の殺生禁断の詔とは直接的な関連はない。しかし、「動物への配慮」思想への間接的な影響は考えられる。中国哲学史が専門の大阪大学名誉教授加地伸行によれば、儒教では自然世界は野蛮であり、道徳的価値観を付与された人為的世界こそが正しいとされる。そして、精神（魂）と肉体（魄）が分離した状態が死であり、招魂儀礼により魄と結びつけることで命に永遠性をもたせるのである。祖先を祀り、現世に尽くし、子孫を生むという「孝」という倫理観は、ペットや家の近くにすむタヌキ、農家で数頭単位で飼われる家畜などの身近な動物をかわいがり、それらの死に対し畜魂碑などを建て、慰霊祭を執り行い、さらに次世代へ繋ぐために繁殖へも配慮するという日本人の動物福祉観に、色濃く反映しているとはいえないであろうか。

2 「動物への配慮」の日本史

殺生禁断一二〇〇年の歴史

湿潤温暖な気候風土のなかで培われた食料生産基盤とそこから生まれた土着思想は、仏教思想としての殺生禁断を受け入れる基盤をつくったことは前節で述べた。天武四年（六七五年）には、最初の殺生禁断の詔勅である「牛馬犬猿鶏の宍を食うことなかれ。もし犯す者あらば罰せむ」が発せられ、翌五年には初の放生の詔勅「諸国にして、生き物を放つ」が出されている。人間を強く意識した技術史を研究した加茂儀一の『日本畜産史』によれば、その後、殺生を禁じ生きものを放生する詔勅がつぎつぎと出されたという。

六国史（日本書紀、続日本紀、日本後記、続日本後記、日本三代実録、日本文徳天皇実録）を中心に殺生禁断と放生に関する詔勅をまとめた国士舘大学教授の原田信男によると、天武四年（六七五年）から延喜一〇年（九一〇年）の間にそれらの関連法が七八回も出されているという。これは、三年に一回の割合である。反乱の討伐、病気快癒祈願、飢饉、大仏開眼記念など、ことあるごとに期間を規定した放生と殺生禁止の詔勅が出されたのである。

梶尾孝雄は『日本動物史』のなかで、この傾向は武家社会に至っても引き継がれたと紹介している。

鎌倉幕府は建久四年（一一九三年）に薬猟として下野国の那須野が原、信濃国の三原野、富士の裾野での巻き刈りを大々的に執り行ったが、他方で殺生禁断や放生を推奨し、鷹狩りの禁止も行った。弘長元年（一二六一年）には武家新制が発布されるが、そのなかで「六斉日ならびに二季彼岸の殺生禁断の事」として、陰暦の八、一四、一五、二三、二九、三〇日と春秋二回の彼岸には、魚類、禽獣の殺生を罪業として禁じた。江戸時代にも、徳川家康は慶長一七年（一六一二年）に「牛を殺すこと禁制なり」という牛屠殺禁止令を諸大名に命令している。一六四〇年にはキリスト教徒九名が、牛肉を食べたことを理由に死刑にされたという記録もあるという。さらに、徳川綱吉が出した一六八五年以降の一連の動物への憐れみ政策は、「生類憐れみの令」としてあまりにも有名である。国立歴史民族博物館名誉教授の塚本学によれば、それは単一法ではなく、捨病人・捨牛馬の禁令、犬保護令、鳥愛護令、飼鳥禁令、食用に魚鳥などを飼うことの禁令、鳶・烏の巣を取り払う幕法（トビやカラスが諸鳥を捕ることを嫌った）、鷹狩り廃止、鳥殺生禁令などからなるという。

仏教の教えである慈悲心の実行として、これらの諸法が実行されたわけであるが、当然、古くは蝦夷や渡来人、近世ではキリシタンへの差別といった民衆管理の政治的意図、農耕における生産性向上や牛馬の軍用・運搬用利用の効率化といった経済的意図も、同時に含まれたことはいうまでもない。いずれにせよ、動物への慈悲である殺生禁断・放生政策は、わが国では一二〇〇年の歴史がある。このような歴史的背景によって、われわれ日本人は不殺生に偏重した「動物への配慮」思想を生み出したと考えられる。

殺生禁断・放生から動物虐待防止へ

明治政府は仏教を排除し、神道を国教とした。それは第二次大戦後の連合国最高司令部からの神道指令まで、わが国における倫理を形成することとなった。その下で明治二三年（一八九〇年）には教育勅語が発布され、一二の徳目が掲げられた。そのなかで、第六の徳目として「博愛衆に及ぼし」と宣せられている。それは「博く人と生きものとを愛せ」という主旨である。明治三四年（一九〇一年）には、農務局長により「動物保護に関する要綱」が通牒されている。大正九年（一九二〇年）の修身教科書には、第二〇で「生き物をあはれめ」と題し、足を痛めて苦しんでいるイヌの介抱をしたナイチンゲールの話を例に出し、動物の苦痛への配慮が勧められている。

馬の保護管理研究会代表青木玲の著書『競走馬の文化史——優駿になれなかった馬たちへ』によると、明治三五年（一九〇二年）にはキリスト教牧師広井辰太郎らが、路上での牛馬の虐待をみて動物虐待防止会をつくり、新宿駅東口に「牛馬給水器」を設置したり、動物虐待防止の啓蒙に奔走したという。その会は一九〇八年には、イヌ、ネコなどのペットにまで対象を広げ、「動物愛護会」と改称し、発展した。一九世紀中ごろにはイギリスやフランスで動物虐待防止運動が始まった。これはその影響ともいえるが、前節で述べたように、当時のローマ・カトリックがそれまで肯定してきた動物虐待を克服できないでいるなかで、日本人が動物虐待防止に奔走したことは、「衆生」という仏教思想の土壌を反映しているともいえる。アメリカ人である新渡戸稲造夫人の萬里子（旧姓マリー・エルキントン）は、大正四年（一九一五年）に日本人道会を設立し、動物愛護運動の先駆的な役割を果たしたといわれている。横浜馬車道にある「牛馬飲水槽」は、この日本人道会と横浜荷馬車協会が設置したものである。萬里子は明治天皇の葬儀の際に、牛車を引くウシが糞をしないようにゴマだけを食べさせられたことに抗議したそうである。加茂儀一の『日本畜産史』によると、ウシにゴマの実だけを約一〇日間食わせると、排糞が止まり、全身脂汗を流すようになり、そこで屠殺するのが近江牛の肥育方法であったという。

殺生禁断千年の歴史を背景に、欧化政策のもとで西欧のアニマルウェルフェア運動の影響を受け、明治以降、日本では、動物への配慮は殺生禁断・放生から虐待防止へと展開された。しかし、いずれも在留外国人やキリスト教徒を中心とした活動であり、大きな運動にはならず、戦争・終戦という混乱のなかで消滅していったのである。

そして動物愛護へ

戦後になると、一九四八年にまず軽犯罪法の「人畜に対して犬その他の動物をけしかけ、又は馬若しくは牛を驚かせて逃げ走らせた者」という規定で動物虐待は禁止された。そして動物愛護団体が、日本人主導ではないものの、新たな芽として出現した。日本動物福祉協会のＨＰや長理事長のレポート（二〇〇一）をみると、「昭和二一年（一九四六年）、当時の駐日英国大使夫人レディー・ガスコイン他数名が東京大学医学部における実験動物の待遇改善に当ったことに始まった」とある。一九四八年には野良犬の処分方法の改善や犬猫収容施設の建設などの活動を中心に「日本動物愛護協会」が設立された。日本動物愛護協会が日本人によって運営されることになり、一九五六年には分派して、西欧人も含む「日本動物福祉協会」が設立された。

そのような状況のなかで、一九五〇年代から動物虐待防止法の制定運動が展開された。一九六五年には、日本獣医師会の呼びかけにより「全国動物愛護団体協議会」が設立され、一五五団体が加盟して保護法制定を求める運動が展開された。一九六六年になって第一回の法案提出が試みられたが、失敗に終わった。しかし、一九六八年にイギリスの大衆紙「ザ・ピープル」が保健所が行う野犬収容業務を取材し、それらが圧死などもともなうことから、わが国に動物虐待国とのレッテルを貼り、非難し始めた。そのような外圧を背景に、一九七〇年には動物保護法案の提出までこぎつけたが、廃案となった。そして、一九七三年に「動物の保管及び管理に関する法律」が成立し、動物の保護が法的なものとなったのである。

その後一九九〇年には日本獣医師会、日本動物愛護協会、日本動物福祉協会などが動物管理法の改正に向けて「動物の法律を考える連絡会」を結成し、一九九九年、動物愛護管理法として改正されたわけである。六七五年の殺生禁断・放生詔勅に始まり、一九世紀前半の西欧人による動物虐待防止運動を経て、二〇世紀末についに動物愛護として日本型動物配慮思想の礎がかたちづくられたといえる。

動物愛護管理法には、より洗練されるように「施行後五年を目途として、……検討を加え、……必要があると認めるときは、……所要の措置を講ずるものとする」と記されている。それに対応すべく二〇〇〇年には全国動物愛護協議会が設立され、動物愛護に関する情報の収集と公開を行っている。一九八六年に「NPO法人動物実験廃止を求める会」(JAVA)、一九九五年に「地球生物会議」(ALIVE)が設立され、それまでの家庭動物中心の運動から、実験動物、展示動物、さらに畜産動物を対象にした運動へと展開し、日本型動物愛護思想形成に拍車がかけられている。

このように、わが国の動物保護にかかわる法律は、日本の多神教的世界を背景に、儒教や仏教の影響を受けた一二〇〇年の歴史をもつ殺生禁止法を土台に、明治以降に生じた西欧の動物虐待防止思想を取り込んで作成され、「愛護」という観念法として確立されたといえる。今後、五年ごとの再検討という附則にもとづき、世界の動きとわが国の動物愛護運動との融和により動物愛護管理法が洗練されること、すなわち愛護内容の具体化が期待されているのである。

3 狩猟採集文化における「動物への配慮」

ブッシュマンの生活

本章の第1節と第2節において、遊牧や農耕などの生業形態から生じた動物観として、キリスト教的・機械論的動物観と日本的動物観を紹介した。しかし、人類の最初の生活形態のひとつであり、人類の進化を規定することとなった狩猟採集生業形態における動物への配慮についてもまた、考察する必要がある。

ＵＣＬＡの地理学教授（かつては医学部生理学教授）であるマルチタレントのジャレッド・ダイアモンド（J. Diamond）によれば、狩猟採集生活はきわめて安定的で合理的な生活であるようだ。代表的な狩猟採集生活者のブッシュマンは、週一二～一九時間の労働で一日あたり二一四〇キロカロリーのエネルギーと九三グラムのタンパク質を摂取しており、健康で病気もせず、農耕民のように定期的に起こる飢餓の心配もない。日本人の法定労働時間は週四〇時間であり、厚生労働省の国民栄養調査によればエネルギー摂取量は、男性では二一五二キロカロリー、タンパク質摂取量は八四・九グラム、女性ではそれぞれ一七六四キロカロリーと七一・一グラムである。ブッシュマンは哺乳類、爬虫類、鳥類、両生類、魚類さらには昆虫など、動物はなんでも食べ、食用植物も八五種にもおよぶという。農耕生活のように食物の種類は貧弱ではないし、豊凶という生産の不安定性もない。栄養バランスや供給量の安定性は農耕をはるかにしのぐ。したがって、状況が許せば永遠に存続できる生活システムであり、狩猟採集生活は現在でも各地で営々と続けられている。

狩猟採集生活とは、いわゆる「生態系埋没型」であるため、生態系の安定した持続がこの生活システム持続の基本である。そこでは人間を取り巻く環境、すなわちその構成要素である動物、植物、そして水や土や空気などの物理環境の持続性へ配慮することは不可欠である。動物に対しても、持続的再生産への配慮が必要であり、それは乱獲の抑制や生殖への希求が基本となる。

狩猟採集民としてのマタギ

前述したように、狩猟採集生活は生態系の安定が前提である。わが国では近畿地方を中心とした農耕生活の外側に残された生態系、すなわち北海道、東北北部、南九州、南西諸島に狩猟採集生活が残った。江戸時代初期に東北北部の諸藩が北海道開拓の任を受け、「マタギ」といわれる狩猟採集生活者が軍事の末端組織として、また開拓民として頭角をあらわすこととなった。マタギは農耕地の鳥獣害からの防御者として、農耕地域へも招かれることとなった。しかし、江戸時代の末期から第二次大戦にかけて、毛皮市場や肉市場が形成されるなかで、「旅マタギ」というかたちで換金経済へ飲み込まれ、換金化を目的とした野生鳥獣の乱獲と需要の停滞により消滅していったといわれている。その隆盛のなかで、マタギ集団の生活と信仰が詳細に記述されることとなった。

東京大学文学部の佐藤宏之（専門は民族考古学）によれば、マタギをはじめとした世界に残る狩猟採集民の生活構造は、普遍的な機能を必要とするために同型的であるという。動物資源を組織的に利用する場合には、狩猟方法は罠が最適であり、罠の利用には狩猟対象獣の行動と生態の知識が必要とされる。マタギの狩猟期は秋から春であり、それ以外の時期には農作業を中心としながら山菜や薬草の採取、イワナ・ヤマメの川魚漁、木こり・炭焼き・木地師の林業作業に従事していた。

岩手県沢内村の「里マタギ」は、田畑と稜線に囲まれた約八〇ヘクタールの斜面で、小さな沢ごとに一個ずつ三〇カ所程度の罠を仕掛け、最大八キロメートルを毎朝二時間程度で見回り、一日平均ウ

図 4.3　栃木県塩原町の妙雲寺にある草木供養塔

サギ一羽とヤマドリ二羽を捕獲したという。旅マタギと異なり、里マタギは動物の行動や生態に関する豊富な知識をもち、それらに裏打ちされた動物への限りない愛着と乱獲への配慮がみられる。その地域には、現在動物保護の対象となっているクマ、シカ、イノシシ、鳥類に加え、西欧では苦痛レベルが低いために保護対象外となっているサケ、虫などの動物供養塔、さらには痛覚がないので保護対象とは考えられない草木に対する供養塔さえ存在する（図 4・3）。西欧でいう苦痛への配慮ではなく、生あるすべての命への配慮が、この狩猟採集民の地には存在するのである。七年に一度、モミの巨木を山から神社へ曳き出す「式年造営御柱大祭」（通称、御柱祭）で有名な諏訪大社は、狩猟者の神事を執り行うが、そこではクマ、サル、カモシカ、ヤマドリ、イワナは守られ、それらの狩り

図 4.4　口之島野生化牛の雄
明治の終わりごろから野生化し，現在も 60-80 頭のウシがいる．毛色は黒色か褐色で，それらに白斑が入る．

をするときは心に慎みをもち、獲物の成仏を祈ることを命じているという。このように、生態系を構成するすべての要素への畏敬と保全に通じる配慮がそこには存在する。

アフリカ狩猟採集民の動物観

京都大学の伊谷純一郎はアフリカに通いつめ、霊長類と狩猟採集民の生活を調査し、人類の進化を考え続けた。私は伊谷と一緒に一九八〇年代に鹿児島県のトカラ列島口之島で野生化したウシの調査を行い（図４・４）、彼の幅の広い好奇心に刺激を受けた記憶がある。彼は、東アフリカ・ザイールの熱帯降雨林に住むムブティ族という狩猟採集民ピグミーの生活と自然観を紹介している。ピグミーは植物性食物を農耕民から得る一方、動物を狩ってその肉を農耕民に供給しているという。槍でゾウ・バッファロー・ボンゴなどの大型獣を、弓でブルーダイカー・サル類・リス・ホロホロチョウ・フランコリン・エボシドリ・サイチョウなどを、網でレイヨウなどを狩猟する。網猟による生活集団は五〇〜一〇〇人からなる。猟は豊猟を祈るたき火から始まり、一日七〜一〇回行われ、一日あたり狩猟数は平均小型ダイカー四〜五頭、中型ダイカー二〜三頭、その他の小型動物が一〜二頭で、総重量六三キログラムであった。野生動物なので精肉歩留まり（体重に占める肉だけの割合）を少なく見積もって四分の一とすると一五・七五キログラムであり、一人あたり一五八〜三一五グラムと推定される。それを一五〇平方キロメートルのハンティング・テリトリーでまかなっている。彼らは、まずキャンプのそばに森の精霊を祀る「エンディケーレ」という小さなほこらのようなものをつくる。父系集団であり、それぞれの集団ごとに氏神である「ンギニソー」というトーテム動物をもち、その動物の狩猟忌避を行う。さらに、食物となる各種動植物の三分の一程度にあたる七〇種に悪霊がいると信じ、それら動植物に関して、性別・年齢・儀礼中・妊娠中・幼児持ちなどの条件によって、摂食忌避が義務づけられる。そこには森全体に対する畏敬と感謝、動植物の保全への配慮が読み取れる。

伊谷と同じ研究室出身の加納隆至は、ムブティ族のテリトリーよりさらに西に住むモンゴ族の伝承民話を紹介している。モンゴ族は、キャッサバ芋・タロ芋・バナナを主食とし、野菜や調味料を確保するために焼き畑農耕を行っている。また、狩猟や漁労を行い、食べない動物はほとんどないとされる。さらに、二〇種を超える昆虫と何十種とある植物を採集して生活しているという。そこでの猟は、二種類の弓、三〇種類ほどの罠、三種類の巻き網によって行われている。チンパンジーはモンゴ族と昔一緒に暮らしていた動物で、ちょっとした行き違いで人間になり損ねた動物であると彼らはみなしていることが紹介されている。そして、人間と動物が助けあう親和的関係、動物と傷つけあう敵対的関係、さらには動物との婚姻という生殖的関係というように、あらゆる社会関係が動物との間でつくられているという民話を紹介している。これらのことから加納は、ムブティ族は動物と人間との間に隔てのない関係性をもつことを指摘するのである。そこには西洋人のもつ人間と動物の二分法は存在しない。人間も動物も世界を構成する要素のひとつとして同根的なのである。

狩猟採集民であったアイヌの狩猟儀式は有名である。それは動物に対する感謝と返礼であった。二〇〇三年は知里幸恵生誕一〇〇周年にあたり、アイヌの精神世界が彼女の『アイヌ神謡集』によって幅広く紹介されている。そこには自然への畏敬・感謝とともに、自然との一体化による心地よさがうたわれており、まさに人間と自然との同格化の思想が再評価の対象となる。序文には「冬の陸には……山又山をふみ越えて熊を狩り、夏の海には……小舟を浮かべてひねもす魚を漁り、花咲く春は……小鳥と共に歌い暮して蕗とり蓬摘み、紅葉の秋は……宵まで鮭とる篝も消え……。嗚呼なんという楽しい生活でしょう」と書かれている。持続的捕獲を願うとともにそれを保障する手だてが狩猟採集民の動物への配慮といえる。

第5章 「動物への配慮」は人間の本質

1 ヒト以外の動物も他者に配慮する

人間が利用できない植物を家畜に食べさせ、その家畜を食料とした砂漠の民である牧畜民を祖先とする西欧人が、近世になって物質的豊かさを背景に、アニマルウェルフェア倫理を形成してきたことをこれまでに述べてきた。そして、自然が豊かな土地に住む農耕民は、家畜を食肉用としてではなく労役用としてきたため、動物への配慮は殺生の禁止という倫理として形成されたことを述べた。また、自然がさらに豊かな土地に住む狩猟採集民では、まわりに存在する水や植物や動物は人間を育む基本的存在として配慮され、それらに対する分け隔てない畏敬倫理と、それらの持続的再生を願う配慮が存在することを述べた。どの文明においても、人間の生存にとって動物は不可欠の存在であり、その関係を持続させるためにはなんらかの動物への配慮が必要であった。ここでは、関係を保持するためにヒト以外の動物も他者へ配慮することを紹介したい。

ウシも仲間に配慮する

私は二〇年来、ウシ集団において「仲よし関係」がどのようにつくられるのかの研究をしてきた。「仲よし」の証は、近くで生活し危急のときには援助したり、食べものを分け与えたり、世話行動をすることである。ウシの場合には、食べものを与える行為はないが、おもに世話行動である毛繕い行動を行う。ウシの舌はタワシのようにざらざらしていて長い。その舌で、仲間の頭、頸、肩、脇腹、脚、尻、尾のあらゆる部分を舐めてやる（図5・1）。自ら相手に近寄り、舐めることが全体の毛繕い行動の三分の二を占めるが、その場合は脇腹や尻を中心に舐める。また、仲間から要求されて舐める場合が三分の一あり、その場合は自分で舐めることができない頭、頸、肩を中心に舐める。要求する場合は、相手が喧嘩に強くても弱くてもおかまいなく、顎を出しながら頭を低くして相手にゆっくりと近寄り、舐めてもらいたい部分を相手の口元にツンツンとあてる。すると打診された相手は平均して一分くらい舐めてやる。それで不十分な場合は、打診を繰り返し、ときには五〜一〇分も舐めてもらうこともある。

舐めてもらうとタワシのような舌でゴシゴシされるので、吸血するために体についているダニやシラミなどの外部寄生虫が効果的に落とされることは、古くから報告されている。さらに驚くような効

図 5.1　ウシのグルーミング行動

果があることを私たちの最近の調査は明らかにしている。ひとつは、子牛の皮毛上のバクテリアが、母牛からの舐行動により六六〜九五パーセントも激減することである。私が子どものころは、母親は子どもの擦り傷によくつばを塗ったりしたが、ヒトの唾液にはリゾチーム、ラクトフェリン、白血球、ラクトペルオキシダーゼ、抗体、カチオン性タンパク質といった抗菌物質が含まれることは二〇〜三〇年前から知られていた。同様な殺菌物質がウシの唾液にも存在するのかもしれない。また、舐められている最中にウシは目を半開きにしてうとうとしたり、心拍数が一分あたり四拍程度低下することも明らかにした。ヒトはヨガや自律神経をコントロールする呼吸法により、心拍数を落として心の安寧を感じることができるが、このときの心拍数の変化はせいぜい一分あたり数拍程度の低下である。ウシは舐められることで心理的な安寧を感じているのかもしれない。

ウマやウシの管理者は、タワシみたいなブラシで被毛をなでる世話を行う。この「ブラッシング」はウマやウシの舐行動と類似する動作であり、ウシが好むことも明らかにした。ウシがブザーを押したときに一〇秒間ブラッシングしてあげると、ウシはブザーを押すことを学習する。サルでは毛繕いされることで、内因性麻薬様物質であるβ-エンドルフィン濃度が脳内で高まることから、「快」が自覚されている可能性があるといわれている。ウシにとって、ほかのウシから舐められることは「喜び」という情動をもたらし、さらに被毛の衛生効果や心理的安寧効果という実利をもたらすのである。このようなさまざまな効果の結果として、よく舐められるウシでは泌乳量が多く、子牛では下痢も少なく体重の増加も多いことも私たちは明らかにしている。

このような仲間への毛繕い行動は、霊長類をはじめカンガルー、アンテロープ、シカ、ウマ、シマウマ、ネコ、ライオン、イヌなどでも広く報告されている非常に一般的な世話行動である。毛繕いするほうにとっては、疲れるし、歯は損耗するし、捕食獣への警戒心は落ちるし、短絡的にみればなんの得になるのか、時間のむだにみえる。それなのに、ウシも仲間に配慮する。しかし、どの仲間にも均等に毛繕い行動を施しているわけではない。ウシでは、祖父母・孫関係あるいは異母・異父兄弟関係といった半きょうだい関係以上の血縁の濃い相手、誕生日が近い相手、あるいは同居期間が四カ月以上の相手に対して舐行動が多く向けられている。第2章でもふれたように、私たちはウシにさまざまな顔写真をみせ、何秒間注目するかを調査したことがある。図5・2のように、同じ部屋で飼われている仲間、顔見知りでないウシ、いつも世話してくれる管理人、実験を手伝ってくれた学生、ウマ、

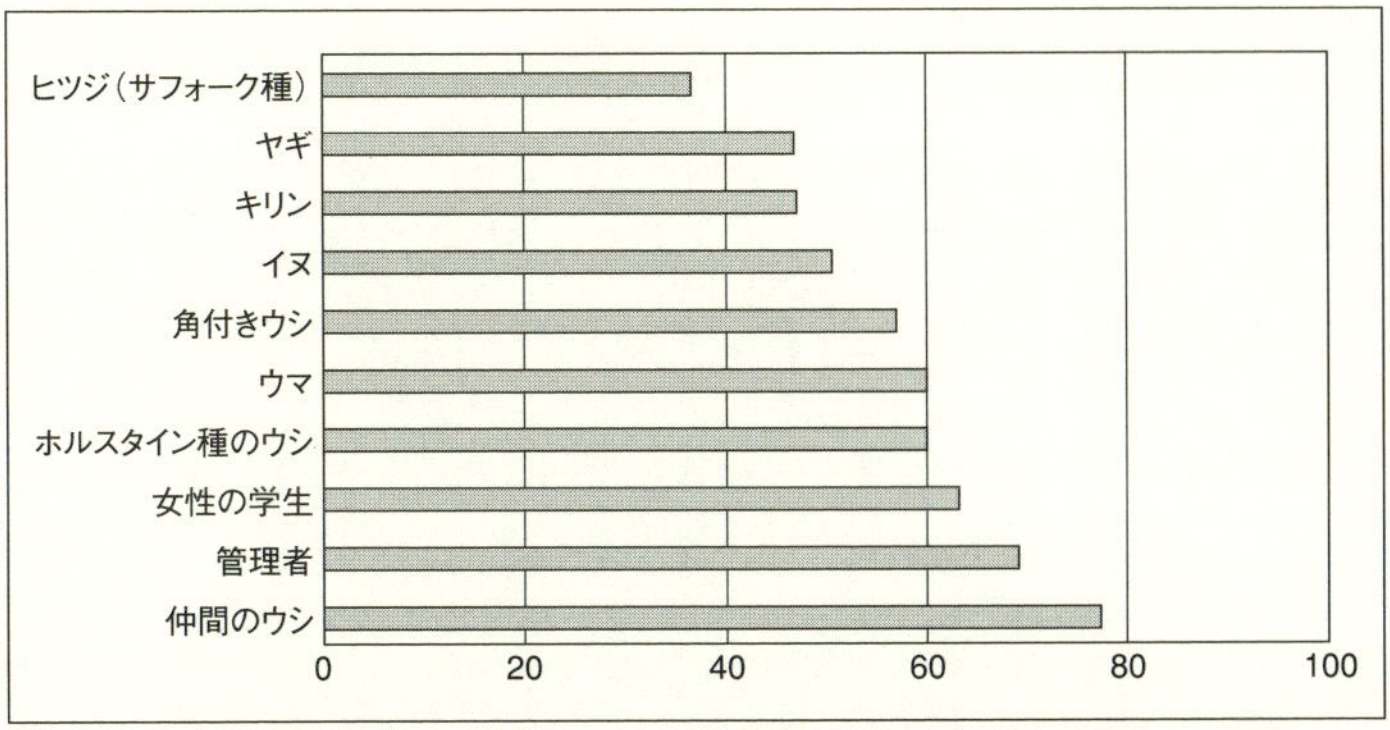

図 5.2　さまざまな顔スライドを 3 頭の黒毛和種繁殖牛に 3 分間みせたときの平均注目時間数（秒）(Sato and Yoshikawa, 1996 より改変)

ヒツジ、キリン、イヌ、ヤギなどの写真を提示した。すると、驚くことにもっとも汁目された顔は、「仲間のウシ」と「管理人」、ついで注目された顔は「学生」「自分と似た角のないウシ」と「ウマ」であった。ウシは顔を識別することができ、しかも「仲間のウシ」と「いつも世話してくれる人間」とに同じ反応を示したのである。ヒトやその他の霊長類では顔に反応する細胞が存在することが知られているが、それはヒツジでも報告されており、おそらくウシにも存在することが類推される。先にも述べたように、ヒツジでは、記憶期間は二年以上にも達するといわれている。自分に関係の深い「もの」を覚え、その関係に対して配慮することがウシにもみられ、それは種を越えて広がる可能性が垣間見えるといえる。

吸血コウモリも仲間に配慮する

吸血コウモリというと、ドラキュラと結びついたイメージがある。人間に襲いかかって血を吸うという不気味な存在として知られるが、唾液中に抗凝固剤成分ドラキュリンがあることで注目されていた動物でもある。二〇〇三年一〇月には、ドイツのパイオン社がこの吸血コウモリの唾液をもとに、デスモテプラーゼという脳血栓を溶かすタンパク質を開発した。ナミチスイコウモリは灰色がかった茶の被毛をもち、一五~五〇グラムの中南米にだけ生息する動物で、睡眠中の動物に忍び寄り、カミソリのような前歯と犬歯で皮膚に三ミリメートル程度の傷をつけ、流れ出た血を吸い取るという。チスイコウモリのこの行動は狂犬病の蔓延にかかわり、南米ではウシの損害は数百万ドルにも達している。

チスイコウモリでは、仲間への驚くべき配慮行動がみられる。ナミチスイコウモリは通常八~一二羽の成獣とその子どもで群を構成して洞窟や木の洞にすむが、雌はさまざまな洞窟や木の洞を使い、各場所に仲間をつくるという。アメリカのメリーランド大学生物学教授のジェラルド・ウィルキンソン（G. S. Wilkinson）は、コウモリを一羽一羽捕獲して羽根に目印をつけ、社会行動を詳細に観察した。すると二〇パーセントくらいのコウモリは血を吸えずにねぐらに帰ってくるが、血を吸ってきたコウモリに吐き戻してもらった血を吸うことがわかった。吐き戻す行動の七割は自分の子どもに血を与える行動であったが、残りは親戚や仲間のコウモリへの行動であったという。チスイコウモリは非常に代謝が活発で、水分蒸発量も多いので、八〇時間も絶食させると死んでしまう。実験的にさまざまな時間絶食させてねぐらに戻すと、絶食時間の長いコウモリから優先して血を分け与えられている。仲間に毛繕いをして、代わりに血を吐き戻してもらう。血を与えられたコウモリはプレゼントしてくれたコウモリをよく覚えており、次回にはお返しをするという。仲間のいないコウモリは、お腹をすかせたときにだれからも血を吐き戻してもらえない。他者への配慮が自らの延命に繋がっているのである。

さまざまな動物が仲間に配慮する

表情があまりなく、なにも考えずにのんびり暮らしているようにみえるウシ、そして気味悪さの代表格であるコウモリと、あまり仲間に配慮しそうもない動物たちの例をあげたが、ほかの動物でもさまざまな「他者への配慮」行動が報告されている。科学ジャーナリストであるジェフリー・マッソン(J. Masson) とスーザン・マッカーシー (S. McCarthy) は、死んだ子ゾウをいつまでも持ち運ぶために移動に遅れがちなアフリカゾウを群の仲間が待つこと、アフリカスイギュウ、シマウマやトムソンガゼルは仲間の一頭を襲ったライオンをみなで追い払うこと、ニジチュウハシという鳥を銃で撃ち落としたときに仲間が襲ってきたこと、キツネが負傷した仲間に餌を運んだこと、イルカやクジラは呼吸のできなくなった仲間の体を支えて水面に押し上げることなど、膨大な例を紹介している。

私たちを含む狭鼻猿類であるテナガザル、チンパンジー、ボノボ、オランウータンなどでも仲間への配慮はみられる。仲間どうしで餌を分けあったり、毛繕いをしあったり、喧嘩の場面では手助けをすることなどが頻繁にみられる。すなわち仲間への配慮行動は、さまざまな動物で普遍的にみられる行動なのである。

異種動物へも配慮する

マッソンとマッカーシーは、さらに異種間の思いやり関係も数多く紹介している。人間に育てられたチンパンジーのルーシーが子猫をペットのようにかわいがり、毛繕いをし、やさしく抱き、いつも連れ歩く例、ウマがヤギと仲よしになったが、引き離されたことでレースに勝てなくなった例、ゾウが餌の穀物をいつも残し、一匹のハツカネズミに食べさせていた例、ラットがネコやチャボの子まで保育しようとした例、オウムが子猫を養子にした例などである。

また、野生動物がヒトへ配慮したり依存したりすることも紹介されている。野生動物がヒトへの配慮を示した例として、野生のイルカがヒトに魚をプレゼントした例や、長年ジャコウウシの繁殖に取り組んでいた研究者がイヌに襲われたときに、ジャコウウシ集団がイヌを輪になって取り囲み、角を向けて追い払った例が示されている。野生動物がヒトに依存した例として、けがをしたアナグマやビーバー、瀕死のアカシカ、重病のアフリカゾウが野生動物の生態調査をしている研究者に身を寄せてくる例が紹介されている。

私たちも、五週間かわいがって育て、青年期になった五〜六カ月齢のヒツジがヒトにどう依存するか実験をしたことがある。一メートル×一・五メートル程度の小さな部屋（ペン）にヒツジを一頭ずつ入れ、仲間から隔離したとき、目の前の高さ二・五メートルの空中で金属製のバケツを振り音を出し、さらに地面に落としたときに、ペンから逃れようとする回数と発声数を調査した。まったく無人の場合とヒトがそばに立っている場合で調べた。その結果、ヒトがただそばに立っていただけで、隔離したときには発声は三分の二以下になり、逃れようとする回数は三分の一以下にも減少した。バケツを落とした場合にも、逃れようとする回数は半減した。同種間ではもちろんのこと、異種間においてもかかわりのなかから親和関係が生まれ、他者に対する配慮と他者に対する依存が生じたのである。

一七世紀から知られているミツオシエという鳥とヒトとの関係も奇妙である。ケニア国立博物館のフセイン・アイザック（H. A. Isack）と動物行動研究のメッカともいえるドイツ・マックスプランク研究所のハインズ・レイヤー（H. -U. Reyer）は、北ケニヤの遊牧民ボロン族を三年間にわたり調査したが、はじめての土地でミツバチ採取をした場合、平均八・九時間かかったが、ミツオシエと共同すると三・二時間ですんだという。ヒトは蜂蜜を効率よく獲得し、ミツオシエはヒトがハチを排除することで蜂蜜にありつけるからである。まずヒトが一キロメートル先からも聞こえるような笛を吹く。それを聞いてミツオシエが来て、ヒトのまわりの枝をせわしなく飛び回り、チルル・チルル・チルル・チルルと連続的に鳴く。その後、飛び上がり、およそ一分姿を隠す。戻ってきて、よくみえる場所に留まって待ち、ヒトが五～一五メートルに近づくと、また飛び立ち鳴く。ヒトはついていき、木を鳴らし、笛を吹き、ミツオシエに話しかけ、関心を示し続ける。近づくと、ミツオシエはまた飛び、ほかの枝に止まる。この繰り返しにより、蜂の巣へ誘導されるというものである。ミツオシエの飛び方で巣の方向、距離がわかるという。巣の方向は誘導の全方向の平均ベクトルで示され、距離はミツオシエが最初に姿を隠す時間の長さ、誘導する枝間の距離、それに枝の高さに比例するという。

そして、巣に着くとそばに留まり、鳴き声を変え、飛び方を変える。ミツオシエの空間認知能力とヒトとの異種間コミュニケーション能力には驚かされる。同種のみならず、異種間でもコミュニケーションが成立し、他者とのかかわりのなかで自らの生存の効率化が図られるのである。

2 「他者への配慮」は進化の産物

動物に対する「かわいそう（compassion）という共感情動」から発した倫理感であり文化であるアニマルウェルフェア運動がグローバル化する必然性を私は探してきた。もし必然性がないのなら、西洋諸国や先進国のエゴとしてアニマルウェルフェア倫理のグローバル化を阻止する必然性が生まれ、文明は衝突する。各民族特有の文化は尊重されるべきではあるが、それをほかの文化に取り入れる必要はない。

前章において、自然が貧弱な場所に住む遊牧民のなかに強烈な動物虐待が生じ、その反省としてアニマルウェルフェア倫理が生じたことを論じた。そして、自然が豊かな場所に住む農耕民やさらに豊かな場所に住む狩猟採集民にも動物への配慮が存在することを示した。本章の第1節では、人間以外の動物にも同種の仲間、さらには共生する他種の動物個体に対する配慮が存在することを紹介した。すなわち、他者への配慮は他者との関係をもつ動物に共通した性質であり、ヒトを含むその動物においては、「利他」への情動は適応的な意味をもつ形質として、進化のなかで形成・維持されてきた可能性がある。

世界中の赤ん坊すべてが共感情動を発達させる

ニューヨーク大学の心理学教授マーチン・ホフマン（M. Hoffman）は三〇年におよぶ研究の集大成として二〇〇〇年、『共感と倫理の発達――思いやりと公正の関係』（邦訳書なし）という本を著し、共感は文化を越えた人間の本質であり、不快、痛み、あるいは危険などの苦悩下にある他者を援助することに通じる葛藤情動であることをさまざまな事例を紹介しながら明らかにした。共感を他者に対する疑似体験的情動反応と定義し、人間は、この情動反応を模倣、条件づけ、直感の三様を通して自発的に無意識に形成するとした。私たちは他者が笑う表情や苦痛に満ちたゆがんだ表情などを模倣するが、これは生まれたばかりの赤ん坊時代から出現する。一〇週齢くらいまでには、母親の幸せな表情や怒りの表情などの基本的表情を模倣し、九カ月齢までにはほぼ正確にまねるようになるという。幸せな表情では大頬骨筋を中心にした、怒りの表情では皺眉筋を中心にした活動を発達させるのである。

実験的に表情をつくると、しかめ面をした場合には、漫画をみせてもおもしろいとは思わず、過去の悲しかった出来事を思い出しがちだったという。一方、口元を上方に引き上げると、漫画をおもしろいと感じ、過去の楽しかったことを思い出したという実験も紹介している。無意識に表情をつくっても、そこには情動が誘導されるが、表情を模倣しても情動が共有されるという仮説である。古くから笑いと健康との関係が経験的に知られていたが、一九九四年に日本笑い学会が設立され、その関係が医学的に検証されつつある。たとえば、がん細胞やウイルス抑制に抜群の威力を発揮する大型顆粒リンパ球であるナチュラルキラー細胞は、笑うことで増加することが実験的に確認されている。

第二の共感情動出現のメカニズムとしての「条件づけ」も、言葉を発する前の幼児からみられるという。たとえば、母親が不安や緊張を感じたときに体がこわばるが、そのこわばりが抱かれた幼児に伝わり、幼児も自動的に体がこわばる。そのときの母親の表情や言葉が、幼児自身のこわばりの条件刺激となり、ついには母親以外の人間がその表情・言葉を示してもこわばりが生じ、共感が形成されるという仮説である。

第三の共感情動出現のメカニズムは「直感」である。これは、他者に起こっていることをみて自分の過去の経験を思い出し、共感するということである。たとえば、血が流れ泣き叫ぶのをみて苦痛を共感すること、別離の状況をみて過去の自らの別離を思い出し共感することなどである。ホフマンは、共感情動の発生部位は脳幹を包む古い大脳である辺縁系であり、それは前頭葉前部と連結されていること、苦悩共感情動の発生は辺縁系に存在する扁桃体の核および扁桃体の核と眼窩前頭皮質との連絡が関係していることを紹介している。辺縁系は、好き嫌い、感情、記憶、個性などに関係する脳で、鳥類や下等哺乳類でも発達しており、多くの動物が共通してもっている脳である。

以上のように、「共感情動」は民族や文化を越えてどの人間にも発生し、その情動を司る脳部位は、鳥類や哺乳類に共通して存在する。このことから、人間だけではなく、動物界を含めた他者への配慮のグローバル性が推定されるのである。

利他行動は進化のなかで発達する

他者の利益を自分がコストをかけてまで援助する行為を「利他行動」というが、これは進化論を打ち立て、生物学の基礎を築いたチャールス・ダーウィン（C. Darwin）にとってもっとも理解しにくい現象であった。進化とは集団のなかの各遺伝子の割合が時間とともに世代交代を繰り返し、自然に変化することをいう。第一に「生き残る数よりも多くの数の子が生まれる」こと、第二に「同じ種に属する多くの子の間でも、性質は微妙に異なる」こと、第三に「性質の違いには、長生きや子を残すことに関係するものがある」こと、そして、第四に「その違いには、遺伝するものがある」ことが進化の前提である。長生きや子を残すのに有利に働いた遺伝子の割合が、時間とともに増えるというのが進化論の考えである。そのように考えると、他者のために身を粉にして働く性質をつくる遺伝子は、進化の過程で残るはずはないと考えるのが妥当である。しかし、親は子の養育のために身を粉にして働き、ミツバチもアリも女王のためにせっせと働き、本章の第1節でみたように、ウシもウマもサルもコウモリもみな他個体のためによく働く。

「コロンブスの卵」的発想でその問題を解決したのは、数学にたけた二人の学者であった。一人は第九回国際京都賞受賞者でイギリス・オックスフォード大学の生物学者ウィリアム・ハミルトン

（W. D. Hamilton）で、進化とは「各遺伝子の割合の変化」なので、個体の行動も遺伝子の立場からみる必要があると主張した。親と子、女王と働きアリ・働きバチなどは、血縁であることから遺伝子をある程度共有しており、個体からみると「利他」でも、遺伝子からみると「ある程度利己」であるという主張である。他者を助ける行動のコストが、助けてもらう遺伝子の利益（ベネフィット）より低い場合に利他行動は進化のなかで有利性をもち、残ることとなる。当然、助けてもらう遺伝子の利益とは、個体の全利益ではなく遺伝子の共有程度（血縁度）に応じて分配される利益である。すなわち、人間を含むすべての生物において、血縁者に対する配慮は本質的なものであり、自然に生じるのである。

もう一人はミシガン大学政治科学教授のロバート・アクセルロッド（R. Axelrod）というゲーム理論家で、他者と何度もつきあわなければならない条件のもとでは、他者に対して利己的に振る舞うよりも、利他的に振る舞うことが成功に繋がる場合のあることをゲームのなかで明らかにした。そのゲームとは「囚人のジレンマ」といわれるもので、二人のプレーヤー（囚人）で行う。二人の共犯者が、別個の取り調べ室において相手の出方を知らないままで、「自白」（利己的）か「黙秘」（利他的）かのいずれかの決定をしなければならないというゲームである（図５・３）。自白すれば罪は軽くなるが、両者黙秘すれば罪を隠すことができ、もっと利益があるという設定である。両者が同時に自白すれば罪はやや軽く、両者の得点は一点となる。両者が黙秘した場合には罪にならず、両者とも三点の利得を得る。しかし、一方が黙秘したのに他方が裏切って自白した場合には、裏切り者は罪をなす

		囚人A	
		自白(利己)	黙秘(利他)
囚人	自白(利己)	A=1, B=1	A=0, B=5
B	黙秘(利他)	A=5, B=0	A=3, B=3

図5.3 囚人のジレンマモデル

りつけることができ五点だが、黙秘した者は罪を問われ〇点となる。相手が黙秘すると予想すれば、黙秘して三点、自白して五点となる。相手が自白すると予想すれば、黙秘して〇点、自白して一点となる。したがって、一回の決断だけなら相手の手によらず自白(利己的)が有効である。一方、相手も同様に考えれば、両者とも自白して、両者とも一点にしかならない。両者が黙秘すれば三点を得られるのに、どうにかならないのかというジレンマが生じるのである。

このゲームの利得構造の第一は、裏切り成功(相手は利他的なのに、自分は利己的)でもっとも利益が高く、順に両者協調(両者とも利他的)、両者裏切り(両者とも利己的)となり、もっとも損する状況は裏切られたとき(自分は利他的なのに、相手は利己的)である。第二は、両者が裏切った場合よりも、協調した場合のほうが平均利得が高いことである。

アクセルロッドは、これを反復して行ったときに最高得点を取れる行動戦略を一四名の世界のゲーム理論家に提案してもらった。さらに裏切りと協調をでたらめに取る戦略を加えて、それぞれの組み合わせを一〇〇〇回ずつ戦わせたのである。すると、まず初対面では協調し利他的に振る舞い、その後は相手が前回取った行動をそのまま次回の自分の行動とする戦略がもっとも成功したのである。これは「しっぺ返し」あるいは「オウム返し」(Tit for Tat)、といわれる、もっとも単純な戦略である。相手が利己的に振る舞えば次回の再会では利己的に、相手が利他的に振る舞えば次回の再会では利他的に振る舞うというものである。さらに、自分からはけっして裏切らない戦略や相手が裏切った後でもいつかはまた協調する心の広さを含む戦略(上品な戦略)は、上位になる傾向があることを明らかにした。

そこで、そのような一回目の結果とその勝利に関する考察を広く公開し、二回目選手権を六二名の参加者によりふたたび開催した。「しっぺ返し」戦略を負かすためにさまざまな戦略が提示されたが、ふたたび「しっぺ返し」戦略が勝利をおさめたのである。そして、上品な戦略もまた上位を占めることが多かったのである。このような状況が動物どうしの社会でも起こり、互恵的な利他関係は進化のなかで残りうると考えたのである。

3　ヒトの「動物への配慮」も進化の産物

ヒトも進化の産物

ヒトも進化の産物であることを疑う人はわが国ではほとんどいない。それをいい始めたのは前節でも紹介したダーウィンで、一三〇年前のことである。私はロンドンをはじめて訪れたとき、ナショナル・ポートレート・ギャラリーのダーウィンの肖像画に真っ先に向かった。ダーウィンは、生物学研究を志す者にとって原点でもある。肖像画のダーウィンは、野外調査に出かけるためにオイルレザーハットを右手でもち、手を通さずにオイルレザーコートを羽織り、もみあげから続く長く伸びた白いあごひげをたくわえた眼光鋭い老年の姿で、こちらを直視している。自らの目で観察し、その表現型からそれをつくりあげた内的な要因を見極めようとし続けた彼の強い意志が伝わってくる肖像画である。これは、私にとってはいまでもあこがれのスタイルで、いつかはこのような姿で写真を撮ってみたいと考えている。

ダーウィンは一八七一年に『人間の由来』という著書のなかで、以下のような三つの事実からヒトと動物の連続性を認め、ヒトの起源を探ろうとした。まずヒトと動物の身体構造の類似性に注目した。骨格、筋肉、神経、血管、内臓などがヒトと動物で対応していることを紹介した。つぎに胚の発達の類似性に注目した。ヒトは卵子から発生するが、その卵子は動物のものと大差なく、初期胚は画家に描かせても見分けもつかない。さらに、その後の発生過程でトカゲや哺乳動物の手足と鳥類の羽根や脚が同じようにできあがってくることを紹介した。また、ある特定のヒトに退化器官が存在することに注目した。たとえば、多くのサル類は表層筋により頭皮を上下に動かすことができるが、頭の上に載せた数冊の重い本を表層筋だけで投げ飛ばすことのできる曲芸師がいること、動物は耳を動かすことで危険の方向を知るが、危険の方向性を知ることはできないにもかかわらず外来筋により耳を前や後ろや上に自由に動かせるヒトがいること、などを紹介している。ダーウィンは、そのような事実を読むのが飽きてくるほど延々と述べ、動物とヒトの起源は同じで、それぞれが住む環境のなかで適応し枝分かれしたと考えたのである。

その後、一九二四年のアウストラロピテクス（猿人）の発見に続く化石人類学は、つぎのような人類進化の道筋を提起している。まず二足歩行をしたと思われるヒトに近いサルやサルに近いヒトが数百万年前にアフリカに生まれ、数度にわたり出アフリカを試み、最終的に現世人類（ホモ・サピエンス）の祖先が数十万年前に出現し、全世界に広がったと推定されている。一九六〇年代になると、タンパク質のアミノ酸の違いやそのもととなるＤＮＡの違いにより、種が分岐した年代を測定しようとする分子人類学が出現した。統計数理研究所のゲノム解析研究グループ長谷川政美教授は、現世のヒトはチンパンジーやゴリラなどアフリカの類人猿と近縁であり、とくにチンパンジーともっとも近縁であることを明らかにした。そして、現世ヒトとチンパンジーとの分岐が二七〇～四一〇万年前、現世ヒトとネアンデルタール人との分岐が三六・五～八五・三万年前、さらに現世ヒトの出アフリカが三～一〇万年前と推定している。

ヒトの進化の舞台

化石人類学者のリチャード・リーキーらや認知神経科学者の澤口俊之らによれば、ヒトはまずチンパンジーと分岐し、ヒトの脳容量は五〇〇シーシーで、チンパンジー（三八〇シーシー）よりやや大きい程度であるが、二足歩行という劇的な形態変化によって環境に適応したと考えられている。チンパンジーはサバンナや草原でも生息が確認されているが、おもな生息域は森が果てしなく広がる熱帯雨林である。アフリカの地殻変動（大地溝帯の形成）にともない地溝帯東側の木の生育が妨げられ、その疎林化した場所で初期人類は進化し、二足歩行というエネルギー効率のよい移動方法を獲得した。さらに、二足歩行により手の細やかな操作やものを持ち運べる能力を獲得し、堅い果実や木の実を常食するのに適応したと考えられる大きな臼歯を獲得したのである。

その後、ネアンデルタール人を含むホモ属が出現するが、その特徴は、二足歩行に加え、一〇〇〇シーシーを超す脳容量と小さな臼歯、性的二型の縮小（雌一〇〇に対して雄一〇八〜一一二）、そして石器と言語の使用であるという。それらの形態や行動の変化をもたらしたひとつの要因は食性の変化、すなわち肉食への適応と考えられている。脳の相対的大きさは、一般的に葉食性よりも肉食を含む雑食性で大きくなる。肉食では、臼歯は小さくて十分であり、石器が必要となる。二つめの要因は複雑な社会構造への適応である。脳の相対的大きさは、同じ食性ならば一妻型（一夫一妻や一妻多夫）よりも多妻型（一夫多妻や多夫多妻）で大きくなる。新皮質と社会集団サイズのモデルからは、現世ヒトでは一五〇人以下の集団が形成されていたと推定される。そのような大群を組織するには、グルーミングのような一対一のボディー・コンタクトよりも、言語によって同時に多数とコンタクトするほうが効率的である。性的二型の縮小は、男と女の協力および狩猟における男どうしの協力関係の発達に対応していると考えられる。

このような形態的変化からみえてくるものは、現世ヒトでは狩猟採集生活への適応により、相対的にきゃしゃな男による集団的狩猟（肉からのエネルギー摂取量三五パーセント程度）と女による採集が営まれたといえることである。ハーレム社会ではなく、現在の狩猟採集民の集団のように二〇〜三〇人程度の成人した男女とその子からなり、ほかの集団と社会的ネットワークを保ちながら部族（一五〇人程度）を形成している社会がそこにはみえてくる。

ヒトのヒトたる由縁は、植物食であった類人猿が肉体的な武器を発達させることなく、残虐で冷酷な心をもつことでハンターとして進化できたところにあるとする西洋人が好むこの仮説（狩猟仮説）は、米国デューク大学人類学教授マット・カートミル（M. Cartmill）が述べるように妥当性をもたないのである。現世ヒトの社会では、食料の協力的な獲得と均等な分配が行われ、集団内、部族内での相互依存と協調性およびそれにともなう自然のシステマチックな利用が顕著にみられる。協調行動は、前節で述べたように、血縁淘汰や相互利他として進化的基盤をもち、共感という情動により出現する。すなわち、ホモ属は自己の生存と次世代への継続の最大化という進化の方向性のもとで、共感という情動を強く発達させ、仲間との共生と同時にほかの動物との共生である動物のシステマチックな利用と虐待への配慮行動を獲得してきたものと考えられる。そこでの世界観では、ヒトと動物とは同一の世界の構成員であり、両者の間に心理的連結をも含めた深い関連性を認め、両者のつきあいには相互義務、相互依存、互恵を必要とするとされる。そのなかでは、自然や動物への尊敬がみられ、理由のない搾取、屠殺、虐待は当然禁じられることとなる。

心の枠組みも進化の産物である

以上のような心の枠組みが進化のなかでかたちづくられてきたという考えは、なにも私だけの考えではない。ダーウィンは、一八七二年の『人間及び動物の表情』という著書で、どの人種も共通して表情や身振りが特定の精神状態と対応すること、さらにそれらの表情や動作は生まれながらに獲得されている遺伝的なものであるという結論を下している。ダーウィンは、純粋で単純という理由から、幼児や精神病者の表情や動作ならびに顔面の筋肉に電気を通してつくられた表情を観察した。そして、それらの表情や動作に対する観察者の反応を人種間で比較し、表情や動作の起源を探るために動物とヒトの激怒の表現の比較を行ったのである。その結果、相互に関係することによる「喜び情動」の発生、および危険を知らせあい、守り助けあうなどの倫理は生存にとって有利であるため、自然選択のなかで残ると考えたのである。

しかしその後、ダーウィンのいとこのフランシス・ゴルトンが優生学を提唱した。優生学は、精神的な特徴も遺伝的であるため、劣等な遺伝形質をもつヒトの生殖を抑え、優れた遺伝形質をもつヒトの子孫を増やしていくという主張を正当化しようとした学問である。さらに社会ダーウィニズム、すなわち弱者が自然に淘汰され、強者によってよりよい社会はできるのであり、弱者の淘汰は人類進化の必要不可欠なプロセスであるとする考えが展開された。その弊害により、その後ダーウィンのように倫理を生物進化と関連させて考察することはほとんど行われなくなった。

一九七五年、社会性昆虫研究者であるハーバード大学教授エドワード・ウィルソン（E. O. Wilson）は、ヒトを含めた動物全般の社会に関する進化理論を打ち立て、『社会生物学』という大書を著わした。そのなかで、ウィルソンは道徳もまた生物学にゆだねるべき時期であるとし、幼児期における利己性、青年期における利他性、そして壮年期における性道徳や親としての道徳の優先性を適応という観点から考察している。さらに社会進化についても論じており、私が先ほど考察した狩猟採集民としての初期の進化に加え、一〇〇世代も経過すれば実質的変化は起こりうるとの視点から、ここ一～二万年の間の社会進化についても論じている。ここ一～二万年の間の戦争にともなう群淘汰の可能性、チームプレーや利他性の増大などにも言及しているのである。しかし、第一の社会進化である狩猟採集生活への適応が時間的には圧倒的に長く、それによる心の枠組みづくりこそもっとも重要であったといえる。

ウィルソンの社会生物学を契機に出現してきたのが、進化心理学という学問体系である。その命名者であるハーバード大学のレダ・コスミデス（L. Cosmides）とジョン・トゥービー（J. Tooby）は、心理学とは脳、脳の情報処理、および脳の情報処理プログラムによる行動発現を扱う生物学の一分野であるとして、心の枠組みをとらえる基本的な五つの考えを提示している。それらは、①脳はコンピュータのように物理的システムであり、環境に適応した行動を発現させるようにデザインされている、②脳の情報処理は、私たちの祖先が進化のなかで直面した問題を解くために自然選択によってデザインされている、③意識とは脳の情報処理のほんの一端でしかないので、知覚経験からして脳の情報処理は単純と思いがちになる、④適応にかかわる異なる課題には、異なる情報処理システムが対応する、⑤私たちの脳には石器時代の心が宿っている、というものである。この考えは、心理学の従来の枠組み、「生物学的進化はすでに文化的進化にとって代わられている。文化はその集団に属する人々にさまざまな期待を抱かせたり役割を割りあてることを通じて、集団全般に浸透するという自己目的を果たす自立した単位であるが、期待や役割の内容は社会ごとに異なる」（スティーブン・ピンカーの著書より引用）という標準社会科学モデルからは大きく異なる。従来の心理学の枠組みとコスミデスとトゥービーのいう進化モデルとの対立は非常に大きいものといわざるをえないが、それらの融合が人間理解に重要であることはいうまでもない。

第6章　文化を越えて

『文化を越えて』は一九七六年に書かれたエドワード・ホール（E. Hall）の主著である。ホールは、世界レベルの環境問題や民族対立の解決は人間の本性を抑圧している文化から自らを解放して本性を自己発見し、他者を他者として受け入れることから始まるとしている。私が本書を書くにあたり、最初に思い浮かんだ言葉がこの「文化を越えて」であった。西欧文明に端を発したアニマルウェルフェア倫理の世界展開のなかで起こる摩擦を文明の衝突としてとらえるのではなく、おたがいに文明の呪縛から逃れ、人間の感性を取り戻し、人間の本性から評価し直すことが重要であろうと感じたわけである。本章では、まずこれまでの章を振り返り、動物への配慮が文化によっていかに異なるかを確認する。ついで、それをふまえ、文化を越えた動物への配慮とはどうあるべきか、そして私たち日本人、さらに欧米人はそれぞれ文化の呪縛から逃れ、グローバルな動物への配慮をどう具体化するべきかを考察する。最後に、文化を越えた動物への配慮をわが国でどう実現するかの枠組みを提唱したい。

1　ふたたび、「動物への配慮」の文化による違い

畜産動物への共感からほかのすべての動物へ

まずこれまでの本書の流れを総括することから、文化を越える試みにチャレンジしたい。第1章では、西洋人がもっとも愛着を感じている動物である畜産動物が、どのように飼育され、その飼育状況に対してなにを感じ、アニマルウェルフェアというかたちで動物に配慮しようとしているのかを紹介した。この発想は実験動物へも広がり、対象範囲はさらに拡大し続けている。すなわち、家庭で飼われたり野生化している家庭動物、動物園の展示動物、サーカスやテレビ・映画出演などの一般娯楽に使われる動物、ペットとして輸出入される野生動物、象牙・角・毛皮などの服飾・装飾品に利用される野生動物、熊の胆など民間医薬品に利用される野生動物、狩猟の散弾や釣りの錘を飲み込むことで健康を害される野生動物、漁業により捕獲されたりウォッチングのために追い回されるクジラ・イルカ・アザラシ・ウミガメなどの海洋動物、害獣駆除される野生動物などへと展開してきている。もっとも親近感のある畜産動物への共感が、ヒトとかかわるすべての動物への共感へと広がっているのである。

五つの自由の保障

第2章では、動物への「かわいそう」という情動を、アニマルウェルフェアというかたちで科学的に客観化しようとしてきた西欧の四〇年にわたる努力とその成果を紹介した。アニマルウェルフェア科学の発展をはじめに刺激したブランベル・レポート（一九六五）が出された当時は、動物飼育に関する必要条件は動物が困難なく動けることであり、それは「転回」「自己身繕い」「起きあがり」「横臥」そして「四肢の伸展」の「五つの自由」であった。その後、アニマルウェルフェア「五つの自由」原則は洗練され続け、イギリス政府への勧告機関である畜産動物ウェルフェア専門委員会が一九九二年に提案した「五つの自由」が現在の共通認識となっている。

その後、この原則は動物園関係者や実験動物関係者にも採用され、世界獣医学協会でも認証されており、畜産動物だけでなくヒトとかかわるすべての動物のアニマルウェルフェアの理想的な枠組みとみなされてきている。その「五つの自由（解放）」原則とは、①空腹および渇きからの自由（健康と活力を維持させるため、新鮮な水および餌の提供）、②不快からの自由（庇陰場所や快適な休息場所などの提供も含む適切な飼育環境の提供）、③苦痛、損傷、疾病からの自由（予防および的確な診断と迅速な処置）、④正常行動発現の自由（十分な空間、適切な刺激、そして仲間との同居）、⑤恐怖および苦悩からの自由（心理的苦悩を避ける状況および取り扱いの確保）である。

①、②、③は肉体的侵害への配慮である餌・水・物理環境の提供と病気の排除であり、動物だけで

はなくヒトの最低限の生活の要素として、私たちにも容易に理解できる。⑤の扱い方による恐怖、すなわち殴ったり蹴ったりされることからの解放も、私たちが理解しやすい。しかし、私たちにとってもっとも理解しにくい点は、④の正常行動の保障と⑤の心理的苦悩からの解放という発想である。人間にとっても④や⑤の発想は、「身体的ＱＯＬから心理的ＱＯＬへ」というように、近年になってやっと注目されてきた発想である。動物は生得的に正常行動実行への欲求をもち、その抑制はストレスとなる。長期的制限は苦悩に通じるという応用動物行動学の成果は、日本ではあまりなじみがないといえる。わが国における応用動物行動学の展開が期待されている由縁である。

二〇〇二年三月、私たちは「応用動物行動学会」を設立し、シンポジウムや一般講演会を通じて、応用動物行動学者が一同に集い、研究の切磋琢磨を開始している。そして、二〇〇五年八月には麻布大学を会場に、わが国初の「第三九回国際応用動物行動学会議」を開催する予定である。応用動物行動学の爆発的展開を期待し、その成果が大衆化することで④や⑤の発想は受け入れられることとなる。

和と洋のアニマルウェルフェア

第3章において、以上の実現を目指し、西欧ではどのように法を整備し、アニマルウェルフェアを保障した飼育法を考えてきたかを紹介した。そして、西欧ではそれらの法を査察と補助金というかたちで守ろうとしている。さらには、その法を世界的に認めさせるために、ＯＩＥという国際組織を通じてアニマルウェルフェアの世界基準化を目指しているのである。ＯＩＥは二〇〇三年、頭文字は残したままで国際獣疫事務局という名称を世界家畜保健機構へと変え、獣疫の制御に加え、動物の健康促進にまで視野を広げている。そのなかで、健康を守る必要条件としてアニマルウェルフェアに注目しているのである。

つぎに、日本のアニマルウェルフェア法ともいうべき「動物愛護管理法」を概観し、ヨーロッパと異なり、日本ではアニマルウェルフェアの具体化を避け、観念に昇華したことを紹介した。日本では厳格な「動物そのものの愛護」を目指すのではなく、「動物愛護の気風の招来と情操の涵養」（動物愛護管理法第一条目的）を目指したのである。

アニマルウェルフェアは生業に由来する

第4章では、なぜ西欧と日本でこのような発想の違いが生じたのかを風土と歴史性から考察した（表6・1）。自然性の貧弱な砂漠の遊牧民を起源とする西欧文化、自然が豊かな農耕民を起源とする日本文化、さらにはもっと自然が豊かな狩猟採集民の文化それぞれに、視点は少しずつ異なるものの「動物への配慮」思想が存在することを明らかにした。

西欧では、畜産は主たる生業であり、ヒトと家畜との物理的接触の多さはほかの文明の比ではない。そこでは恒常的な虐待と親密性からくる「かわいそう（compassion）」情動が共存する。農耕民の日本人にとっては、畜産動物との直接的関係はきわめて弱い。畜産動物への配慮は、動物の永続的な使役利用を目指した「殺生禁止」と、やむをえず殺したときの「慰霊」に特化する。自然が豊かなため

表 6.1　各文化における「動物への配慮」の特徴

	動物との物理的接触度	動物個体への配慮	野生動物との関係	動物種の存続への配慮
西欧（砂漠の遊牧民）	飼育を通した動物群との関係であり，濃い	共感→アニマルウェルフェア	自然性が貧弱であり，薄い	なし
日本（農耕民）	使役を通した特定個体との関係であり，濃い	殺生禁止共感→愛護	自然が豊かであり，里地・里山の動物に親近感をもつ	放生あるがままを認める
狩猟採集民	狩る・狩られるという瞬間的関係のため，薄い	なし	自然が豊かであり，生態系の一部と認識	畏敬 再生産

に野生動物との遭遇も多く、地域生態系を構成する一員としても動物をみるが、直接的な接触が少ないため、動物への共感を醸成するほどのものとはなりえなかった。今日の動物愛護運動も、ほとんどがペット問題に終始している点は、わが国の動物愛護文化を象徴しているといえる。狩猟採集民にとっては、動物とは野生動物であり、動物への配慮とは持続的狩猟への願いからきており、それは畏敬を通した「再生産の願い」であり、飼育を通した物理的・心理的接触は弱く、動物への共感が醸成されることはなかった。

心の枠組みは進化のなかでつくられた

第5章では、文明を問わずすべての人類に「動物への配慮」倫理が存在することから、「動物への配慮」倫理とはヒトの遺伝的な心の枠組みからの漏出であると考えた。動物は食料、服飾や鞄などの材料、あるいはコンパニオンといった心理的必要性から利用され、近年では第1章で紹介したような医療での新たな動物利用も加わっている。人類が誕生して以来、動物との関係は途切れることなく、さらに未来永劫的に続くであろう。

さらに、切っても切れない人間と動物の関係性のなかで、動物への配慮は自然選択的に心の枠組みとして形成されたと考えた。一方では、飼育という動物との直接的・物理的かかわりのなかで、動物に対する絆が形成され、それは動物への共感情動として展開された。他方では、農耕民が動物を使役利用して緊密な関係をつくるなかで、個々のウシやウマ個体との共感情動は生じたものの、その情動が動物一般へ敷衍することはなく、「殺生禁止」と「慰霊」という配慮に展開した。狩猟採集民でも、かたちは少し異なるものの、農耕民の配慮に類似した動物への畏敬と殺生の制限という配慮として展開した。いずれの情動も、ヒトの適応度向上に通じることから、人類の進化のなかで意味をもった生得的形質であると考えた。

このように動物への配慮には二側面があるために、OIEが二〇〇五年を目途にアニマルウェルフェアの世界標準化を目指したことに世界はとまどっているのである。西欧は動物への配慮としてアニマルウェルフェアを主張しているが、わが国を含む、中国、台湾、タイなど仏教の影響が強い国は、古来より動物へ配慮してきたのは自分たちの文化であり、アニマルウェルフェアに偏ることに対して、それは文化の違いであるとして反発している。さらに、西欧はアニマルウェルフェアの倫理観形成は人類の心の成長であり、文明進化の産物であると主張するが、発展途上国は裕福な国のエゴととらえている。アニマルウェルフェア倫理と「動物の命への畏敬」倫理との文化を越えた統合がいま求められているのである。

2　文化を越えた「動物への配慮」とはなにか

西欧文明では「動物の命に対する畏敬」倫理が、農耕・狩猟文明ではアニマルウェルフェア倫理がそれぞれ醸成されることで、両文明の「動物への配慮」倫理として融合できる、というのが私の結論である。ホモ・サピエンスの生活は数十万年前から今日、そして将来にわたって、動物とは切っても切れない関係にある。その適応戦略として「動物への配慮」倫理があり、アニマルウェルフェア倫理と「動物の命に対する畏敬」倫理はその二つの構成要素と考えられるからである。文明の縛りから自らを解放し、ホモ・サピエンスとしての感性に素直に反応し、内省したとき、文化を越えた動物への配慮が湧き起こる。

西欧文明には「動物の命に対する畏敬」倫理の醸成を

たとえば、キリストは馬小屋で生まれ、キリスト教の信者はヒツジにたとえられ、司教は羊飼いの杖をもって説教するように、西欧文明は遊牧民の文化であることを再三述べてきた。その西欧文明では、いまだにたくさんの動物が飼われてる。EUでは、乳牛と肉牛をあわせたウシは、四人に約一頭の割合で飼われているし、ブタは三人に一頭の割合で飼われている。アメリカでは、ウシはさらに多く二・五人に一頭であり、ブタはEUよりやや少ないが、それでも四・八人に一頭である。

EUでは毎年一五人弱で一頭のウシを食べ、二人弱で一頭のブタを食べる。アメリカでは、ウシをその二倍、つまり八人弱で一頭を食べ、三人弱でブタを一頭食べる。EUではウシ・ブタあわせて毎年六二キログラム、毎日平均一七〇グラムも食べ、アメリカでは毎年七四キログラム、毎日平均二〇〇グラムも食べている。そのほかに、ヒツジ、ニワトリ、七面鳥、ウサギを常食するのだから恐れ入る。ちなみにわが国では、乳牛・肉牛合計飼養頭数は三〇人弱で一頭、ブタは一三人に一頭である。ウシ・ブタあわせて年間一八キログラム、ニワトリも食べるが、それを除くと毎日平均五〇グラム弱の肉食である。EUやアメリカでは、一家族あたりウシ・ブタそれぞれ一〜二頭の割合で飼われている計算となる。それに対して、農耕民出身のわが国では、小さなアパートあたり、ウシ一頭、ブタ二〜三頭といったところだろうか。

日本ではウシはほとんどが舎飼いされ（図6・1）、ブタはウィンドレス豚舎で飼育されている（図6・2）。二〇〇〇年、九二年ぶりに偶蹄類がかかる悪性の伝染病である口蹄疫が発生し、二〇〇四年には七九年ぶりに高病原性鳥インフルエンザの発生により、家畜の飼育方法はますます隔離の方向へと傾斜している。家畜は私たちとますます地理的に離されるばかりでなく、テレビで映し出されたように、畜舎のまわりは柵で囲われ、地面は石灰で白くなり、窓は完全に閉められる。わが国では

図 6. 1　乳牛の舎飼い飼育

図 6. 2　ブタの舎飼い飼育

元来、放牧飼養は少なく、現在では放牧によって飼養されている家畜は、ウシではせいぜい五パーセント、ブタでは指で数えることができるほど少ない。すなわち、日本には小さなアパートあたり数頭飼われているとはいっても、階段が違えば家畜に出会うこともなく、しかも室内で飼われているので、近くにいても接することはほとんどない。いまだにわが国では家畜との直接的なかかわりは少なく、そのようなところから「共感」はけっして生まれないのである。

西洋ではだれでもウシやブタと直接接する機会が多く、その直接的関係の多さから家畜に対する「共感（compassion）」が生じ、ついにはアニマルウェルフェア倫理が形成された。しかし、肉食への反省はほとんどない。牛肉文明を人間の肥満と地球環境問題から痛烈に批判するアメリカの社会批評家ジェレミー・リフキン（J. Rifkin）によれば、「スペインでは闘牛で一番勇猛だった雄牛のステーキを夫に食べさせ」「アメリカではカウボーイこそが焚き火で牛肉を焼く」というように、肉食は男らしさの象徴として、階級の頂点の象徴としていまなお君臨しているという。その結果、西洋人は歴史的に権力と幸福の象徴として、「肥満」を誇りにしてきているのである。そのような文化からは、「動物の命に対する畏敬」倫理は生まれない。その打破には、「肥満」の不健康性と家畜飼養の環境汚染性に対しての文化を越えた人間の本性としての自覚が必要である。

近年、健康教育の効果もあり、先進国の肥満増加率は抑えられてきてはいる。そうはいっても肉食嗜好や甘味嗜好は根強く、アメリカやイギリスでは肥満人口はいまだに増え続け、一九八〇年と比較しても三倍以上になっているという。肥満は必ずしも肉食だけが要因ではないが、動物性飽和脂肪の摂取はもっとも重要な要因と考えられているにもかかわらず、それへの反省はいまだに弱いといえる。肥満（肥満度指数ＢＭＩが三〇以上）人口は、少なく見積もっても世界に三億人ともいわれ、肥満は糖尿病、心臓病、高血圧、脳卒中、ある種のガンの主たる誘因であることから、過度の肉食はヒトの適応度を下げる行為であるといえる。

これだけの肥満をつくりだすため、ウシの飼養に関していえば、全陸地面積の二五パーセント、農用地の七〇パーセントを牧草地として利用している。さらに麦、大豆、トウモロコシなどの穀物が家畜の餌となり、ＥＵでは国内利用穀物の六〇パーセントが、アメリカでは七〇パーセント弱が家畜の餌として使われている。リフキン（J. Rifkin）は、それは地球環境破壊に通じるとして強く警告している。ウシの過剰飼育は、土壌浸食による砂漠化、熱帯雨林の破壊、有機物汚染や過放牧による淡水資源の減少、ヨーロッパ産牧草による在来野生動植物相の破壊、ならびにウシが発生するメタン、飼料生産に利用される化石燃料消費や森林の伐採や焼却により発生する二酸化炭素、化学肥料から発生する窒素酸化物のような温暖効果ガスの発生原因となっている。西洋には、前述したように、肉食崇拝文明から脱却し、過度の肉食は人間の健康を害し、人間の生存環境を大きく変容させる、すなわちヒトの適応度を下げるということを理解し、文化を越えた「動物への配慮」倫理を身につけることを期待する。

日本の神話によれば、農業は神の力を借りて行う神事であり、稲をはじめとする作物は崇められる。食事も神を尊び感謝し、「戴きます」といって行う敬虔な儀式であった。西洋では「謝肉」とともに、このような肉を提供してくれた「動物の命に対する畏敬」倫理の形成が期待されているといえる。

農耕文明にはアニマルウェルフェア倫理の醸成を

一方、農耕民には動物への共感とそれにともなうアニマルウェルフェア倫理の醸成が期待される。前項で述べたとおり、ニワトリを除いてわが国の家畜飼育頭数はきわめて少なく、しかも舎飼いが中心で、一般の人たちの目にふれにくい状況である。ペットフード工業会の調査によると、ペット飼育は年々増加し、平成一五年度ではイヌは前年比一一六・九パーセント増の一一一三万七〇〇〇頭、ネコは一一三・六パーセント増の八〇八万七〇〇〇頭にも達するという。ブタの飼育頭数が九七二万五〇〇〇頭で、ウシは四五二万三〇〇〇頭であることから、ウシ・ブタの一・三倍のイヌ・ネコが飼育されていることになる。イヌは五世帯に一世帯（一一人に一頭）、ネコは八世帯に一世帯（一六人に一頭）の割合で飼われている。しかも、イヌ・ネコともに「室内飼育」が主流となり、イヌ・ネコの伴侶化が着実に進んでいる。そこでは、農耕民であった日本人が特定の使役動物個体との共感をともないながらつくりあげた関係と同様に、伴侶化した特定の動物個体との共感をともなう関係がつくられる。わが国では明確にはつくられることはなかったが、特定の動物（ペット）への共感が、ほかの動物（家畜）への配慮、さらには他人への配慮に通じていくことが期待されている。わが国の「動物愛護管理法」への改正が、年少者による動物虐待と他人への犯罪的虐待行為との関連を契機に行われたように、近代教育論の発想はわが国でも一般化してきている。

ペットと人間の関係を調べた調査は多くはないが、イギリス・ケンブリッジ大学のエリザベス・ポール（E. S. Paul）とジェームス・サーペル（J. A. Serpell）は、同大学の三八五人の学生に対するアンケート調査を報告している。子どものころ（〇〜一六歳）に自分自身あるいは家族が飼っていたペットの数とそれらのペットは自分にとって大切であったか、現在のペット飼育の状況、将来のペット飼育の希望、ほかの動物や他人に対する配慮、動物の取り扱い方への意見、そして共感性に関してアンケートで質問した。その結果、子どものころに自分自身や家族がペットを飼ったことがあり、ペットは自分にとって重要な存在であったと認識する学生は、現在は学生であるためにペットを飼えないが、現在もペットに愛着をもち、将来また飼いたいと思い、アニマルウェルフェア団体によく参加していることが明らかになった。さらに、子ども時代のペットの飼育頭数が多いほど、家畜・野生動物・実験動物の取り扱い方法にも関心が高く、他人に対する共感性も高いことが明らかになった。子どものころの動物への共感性は大人になっても持続し続け、それはほかの動物への配慮にも広がっていくことがわかった。ちなみに、EUでは八〜九人ごとにイヌとネコをそれぞれ一頭飼っており、アメリカでは四人でそれぞれ一頭飼っている。家畜飼養頭数の圧倒的な多さに加え、ペット飼養頭数も日本の二倍近くあり、これらがほかの動物への「共感の敷衍性」の基盤、アニマルウェルフェア倫理形成への基盤となっているともいえる。ペットの飼育をとおして動物への共感性を取り戻し、イマジネーションを全面的に展開することにより、みえない家畜、みえない実験動物に対するアニマルウェルフェア倫理を醸成することが、私たちを含む農耕民には期待されている。

このように、わが国でも市民のなかにアニマルウェルフェア倫理が醸成する下地が、ペット飼育の増加というかたちで整ってきたといえる。私たちは、農家の動物への配慮を知る目的で、ブタを飼うにあたりなにに配慮するかというアンケート調査を養豚農家にしたことがある。図6・3にみるとおり、アニマルウェルフェア五原則のうち栄養、温熱環境、病気へは六〇パーセント弱の農家が配慮し、苦痛や行動要求にも三六～三八パーセントの農家が配慮すると答えている。そして動物と近接して生活すれば「共感」が生じることから、「家畜が生きている間は幸せに生活させて、痛みのない方法で屠殺することは道徳的に悪ではない」とする設問には、八七パーセントの農家が賛同した。しかし、最終的に殺される動物である家畜に対するアニマルウェルフェアの配慮にはきわめて強い違和感があるという、農耕民が特異的に抱く感情の存在も確かめられた。わが国の動物への配慮は「殺生」禁止であり、究極は「放生」である。自己矛盾を避けるために、ペット動物への共感を、単純に家畜へ敷衍することを避けたいのは農耕民の宿命といえる。

一方、農耕民とはいえ、わが国でも世界の趨勢と同様に、GNPの増大とともに肉食が増大している(図6・4)。日本がまだ経済の高度成長前であった一九六〇年には、農業就業人口は総就業人口の二七パーセントにも達しており、六一万七〇〇〇トン程度の肉食であった。その後、米の消費は減り続け、いまや農業就業人口は四パーセントにも激減したが、肉食は逆に五五八万三〇〇〇トンと九倍にも増えた。この間、国内供給は五倍にしかならなかったが、輸入は六三倍に増え、肉食の需要を支えた。牛肉はオーストラリアやニュージーランド(アメリカやカナダからはBSE発生以来、輸入

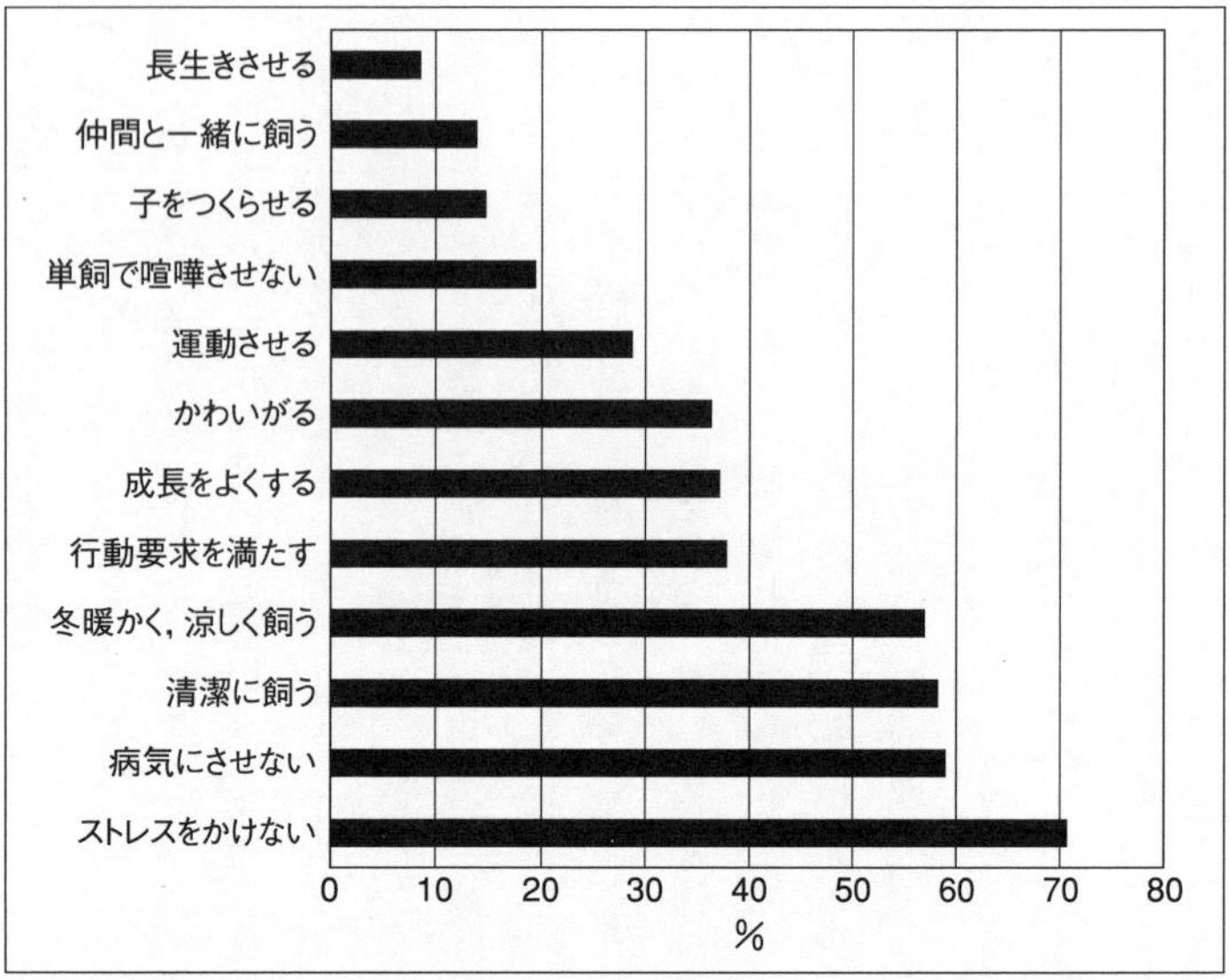

図 6.3　養豚農家が気をつけている点（複数回答）（佐藤ら，2002 より改変）

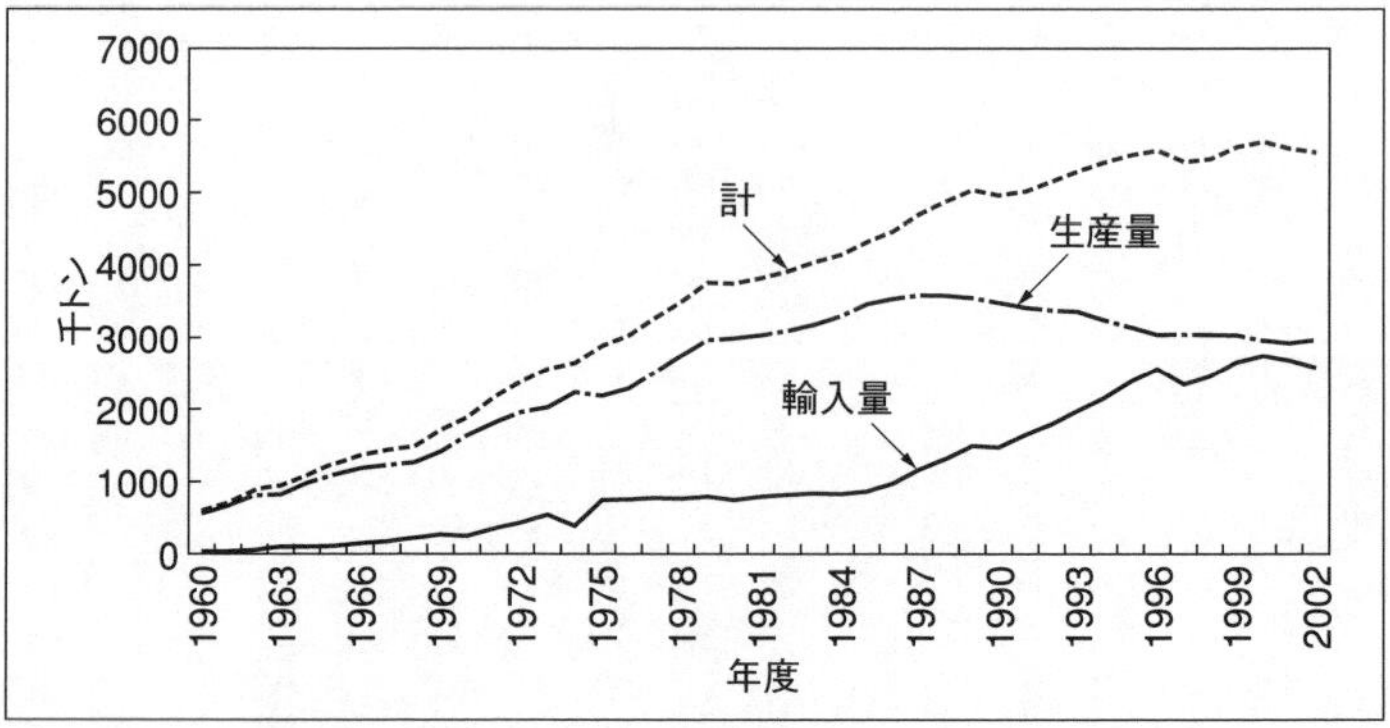

図 6.4　食肉需給量の推移（農林水産省の食料需給表より描く）

は途絶えている)、豚肉はアメリカ、カナダ、デンマークといった砂漠の遊牧民の子孫である西欧文明の国から輸入している。かつての「殺生」禁止と「放生」といった農耕民族独特の動物への配慮では、自己矛盾を起こすほど肉食は浸透してきている。「動物の命に対する畏敬」に加え、肉食者としての「動物への配慮」倫理の形成が、いま求められているのである。

3　文化を越えるために

前節で、わが国でもアニマルウェルフェア倫理の醸成基盤がペット飼育を通して市民のなかにもできてきたことを紹介した。そして、それが家畜への配慮に展開するには「殺生」への自覚が前提となることを述べた。「食のために動物を殺すこと」から目を背けず、直視できる畜産文化の創造が必要といえる。「どうせ殺す」という状況のなかで、「どう生かすか」という問いかけは、じつは、いつかは死ぬ私たちが「どう生きるか」という哲学に通じる課題でもある。さらに「どう生かすか」の科学を、管理する側すなわち人間からの視点ではなく、管理される側すなわち動物側からの視点で構築することが、わが国では強く求められている。

屠殺の十分条件を整える

新潟県妙法育成牧場の今井明夫牧場長は、自らがコーディネーターとなり学校、農家、獣医を新潟県ヤギネットワークとして組織し、県内四〇校近い小学校でのヤギ飼育を支援している。春に飼育農家から子ヤギが学校に送られ、飼育が始まる。ヤギは木の葉、小枝、雑草などいろいろなものを食べ、ヒツジのように群れることもないので、餌の調達という面でも、扱いやすさの面でもとても飼いやすい動物である。雌ヤギは六カ月齢を過ぎて体格がよければ発情が来るし、雄ヤギは六カ月齢を越せば体格によらず性成熟に達する。雌ヤギは短日になると発情が起こることから、学校に来たその秋にはオスと交尾させ、受胎させることができる。妊娠期間は一五〇日程度で、翌年の二月から三月には分娩することとなる。分娩すると母ヤギはさかんに子ヤギを舐め、羊水にぬれた子ヤギを乾かす。強く舐めることで刺激を与え、同時に子ヤギのにおいを覚え、また自分のにおいをつけることで母と子の絆が形成される。多くのヤギは年間一〇〇〇キログラムくらいの乳を出す能力をもち、乳用として飼育される。子ヤギは二〜三カ月齢が過ぎて、春になると離乳し、雄子ヤギは肉用の素畜として、雌子ヤギは乳用の後継ヤギとして出荷される。学校のサイクルにぴったりの家畜である。ヤギの飼育を通して、子どもたちは動物のライフサイクルを感じ、われわれがミルクや肉を得るためには繁殖が必要で、さらには屠殺が必要であることを素直に理解するという。子どもの感性を信じ、自らが食べる乳と肉の生産を実践させたとき、子どもには動物への「共感」が生じ、アニマルウェルフェアの倫理が芽生えると同時に、動物の命を奪うことにより生かされる自分の存在を自覚し、動物への感謝と畏敬の倫理が芽生えるのである。

前節でも少し紹介したように、わが国の肉類の自給率は五三・八パーセントである。牛肉は四〇・五パーセントで、国内で毎年一二三万六〇〇〇頭のウシを殺して食べ、一・五倍の牛肉を輸入している。しかも、外国で屠殺されるウシは若くて体重が軽く、おもに内臓を除く赤肉が輸入されるため、屠殺頭数はさらに多い。豚肉の自給率は五三・一パーセント、鶏肉の自給率は六五・一パーセントであり、輸入の拡大により食と農の距離はますます遠くなってきている。それを克服し畜産文化を創造するためには、先に紹介したようなミニ畜産の実践が重要であり、国内外を問わず食べられる動物に対するイマジネーションの拡大が必要なのである。

「子どもたちが豊かな人間性をはぐくみ、生きる力を身に付けていくためには、何よりも『食』が重要である」（食育基本法案附則）との認識に立ち、第一五九回国会（二〇〇四年）に、食育基本法案が提出された（継続審議）。そして、食育とは「様々な経験を通じて『食』に関する知識と『食』を選択する力を習得し、健全な食生活を実践することができる人間を育てる」（食育基本法案附則）と定義し、国民運動として食育の推進に取り組んでいこうとしている。食料の生産から消費までの体験活動を推進し、食に対する知識の獲得ならびに食と食にかかわる人に対する感謝の念の醸成を図ろうとしている。このような法的背景を契機に、先に紹介したようなミニ畜産の実践を促進し、文化を越えたグローバルな「動物への配慮」倫理が形成されることを期待するところである。わが国の畜産文化構築のためには、これまでのような総合学習の時間を使った数時間の「ふれあい牧場」体験や、小学校でよく行われているウサギ、ハムスター、ニワトリといった小動物飼育、そしてその延長としての家畜（ヤギ、ヒツジ、ブタ、子牛）飼育を越えるような試みが必要である。

アニマルウェルフェア科学の展開を期待する

動物に対する「共感」が生まれ、その主観を動機に動物に配慮しようとする場合、配慮の仕方も当然主観的となりやすい。すなわち、アニマルウェルフェアの倫理は「ひとりよがり」に陥りやすい宿命を背負っている。文化を越えた倫理にするためには、科学による客観化が必要である。第2章で紹介したように、西欧ではその努力を四〇年にわたり行ってきた。私が知るかぎりでは、わが国でもそれらの成果を受けて帯広畜産大学、北海道大学、弘前大学、北里大学、岩手大学、東北大学、茨城大学、日本獣医畜産大学、麻布大学、玉川大学、日本大学、近畿大学、広島大学、鳥取大学、九州大学、宮崎大学、鹿児島大学、琉球大学でアニマルウェルフェアの講義がおもに「家畜管理学」の一部として行われている。しかし、いずれの大学においてもその研究取り組みはいまだに弱く、わが国におけるアニマルウェルフェア研究の展開が期待されている。そのためには、アニマルウェルフェアが「家畜管理学」の一部であるとの考えを問い直し、「家畜管理学」そのものであるとの認識に至ることがまず要請される。

本書は、東京大学大学院農学生命科学研究科林良博教授と東北大学大学院農学研究科佐藤英明教授

の編による「アニマルサイエンス［全5巻］」、その後の佐藤英明教授の『アニマルテクノロジー』（いずれも東京大学出版会）に続くものとして執筆された。『アニマルテクノロジー』には、まず精子利用テクノロジーとして人工授精が、卵子利用テクノロジーとして胚移植テクノロジーが紹介されている。このようにしてつくりだされた家畜は、栄養管理や飼育環境管理によってその能力がはじめて発揮される。ついで、体細胞クローン、卵子の大量生産、遺伝子改変などのテクノロジーを紹介しているが、そこでも指摘されているように、それらのテクノロジーにより生産された家畜は往々にして健康状態が悪い場合が多い。それらの家畜は繊細であるため、能力を発揮させるには、さらなる精密栄養管理技術や精密飼育環境管理技術が必要とされるのである。

栄養管理は、独立行政法人農業・生物系特定産業技術研究機構が編者となり、「日本飼養標準」として、乳牛、肉用牛、ブタ、家禽、めん羊について整備されている。しかし、もうひとつの重要な側面である飼育環境管理に関しては、同機構の動物衛生研究所が中心となってつくった「衛生管理ガイドライン」という、衛生管理に特化した基準が整備されているだけである。アニマルテクノロジーを支える技術として、飼育環境管理基準の整備が待たれるところである。同機構畜産草地研究所では、前述したアニマルウェルフェアを講義しているいくつかの大学と連携し、科学研究費基盤研究（A）を獲得し、先験的にその研究に取り組み始めているところである（私は二〇〇二年四月から二〇〇五年三月までの間、畜産草地研究所に勤務していた）。そこでの視点は、飼育環境管理技術に関して一〇年前ごろまでいわれた“Environmental Management”とは一八〇度異なる“Animal Comfort”

（アニマルウェルフェア）の視点である。“Management”とは、mano（手）が、age（関連）することで、その視点は管理する人間側にあり、作業性や経済性も含む概念である。それに対し、“comfort”とは“to soothe（和らげる）in distress（苦痛）or sorrow（心理的不快）”であり、その視点は管理される動物側にある。飼育環境管理視点のコペルニクス的転回を行い、飼育環境管理基準を構築することを目指しているのである。

東洋、西洋を問わず、文明の縛りから身を解き放ち、人間としての感性を取り戻し、動物との関係をみつめ直したとき、新たな「動物への配慮」倫理が形成され、科学の裏づけをもって実践されたとき、「動物との共生」が成立するという思いを抱き、ここに筆をおさめたい。

おわりに

「はじめに」で書いたとおり、私はウシを研究対象とする応用動物行動学者である。表面にあらわれたウシの行動をみて、ウシはなにを考えているのかを類推し、ウシを飼う環境を整えたり、ウシの行動そのものを制御することに役立てる実践学問に三十数年取り組んできた。一九七二年、卒論研究をすべく東北大学農学部附属農場の奥山の放牧地に泊まり込んで、三〇頭の牛群を観察したのが始まりである。その当時は、自分の研究を畜産技術のなににどう役立てるのかのはっきりとした目標はみえず、ただ牛群の生活を精密に知ることからなにか畜産技術への示唆が生まれると信じての研究であった。

稜線付近のシバ草原に立ち、紫の花弁のアズマギクが咲き乱れ、オオジシギが轟音を立てて急降下するなかで、日本短角種という赤褐色のウシが朝夕喫食するのを観察し、ジリジリとセミの鳴く昼下がりにはミズナラ林の窪から湧き出る清水に肢を浸して涼むウシを追いかけて、木漏れ日のなかで彼らの休息行動を記録するという絵画的世界での研究であった。シバ、ススキ、灌木の葉や下草などを食べ、反芻し、横になり、ときには仲間とじゃれ合ったり、角をつき合わせたり、仲間を舐めたり、雌は雄から乗駕されたりしていた。それぞれ栄養摂取、消化促進、休息、親和、敵対、世話、そして生殖行動と、観察対象のウシがなにをやろうとしているかの類推は、はじめて行動を観察した素人でも簡単であったと記憶している。

唯一いまだに心に引っかかる行動は、ただ一度の経験であった「雄牛の号泣」との遭遇である。観察した三〇頭の雌牛群には一頭の雄牛が入れられ、種付けを一手に任されていた。三〇頭の牛群は数群のサブ・グループに分かれるが、あるとき一頭のウシが三日ほどいずれのサブ・グループでもみつけられず、心配した時期があった。雄牛を追跡観察していたとき、ヒトの背丈を越すススキ草原で三日間みかけなかった雌牛の死体に遭遇した。そのとき、雄牛はいままでに発したこともない大きな声「モー」を何度も何度も繰り返し、涙をぼろぼろと流したのであった。

真夏の暑い昼下がり、ススキ草原のまっただなかでの号泣であった。一〜二分後には、その雄牛は何事もなかったかのようにまたススキを食べ始めた。摂食、号泣、摂食と数分のうちの行動のギャップに驚くとともに、三〇年で一度の経験しかない「雄牛の号泣」にいまもとらわれている。雄牛にはそのときどのような情動（主観）が生じたのか。擬人的に解釈することは簡単である。動物の主観をいかに客観的にとらえられるか。それは、これまでの私の研究、そしてこれからの研究の一貫したテーマとなったのである。

博士号を取得し、一九八〇年にやっと宮崎大学に就職できた。そこでは行動そのものの制御や飼育環境整備といった応用動物行動学の中心課題を研究・教育するため、舎飼いのウシの行動観察を中心にすえた。ウシの行動観察八年のキャリアをもち、ウシの行動レパートリーは見尽くしたと自負していたが、そこで展開されたのは放牧時の行動とはかなり異なり、彼らはなにをやろうとしているのかの類推に詰まってしまった。

乳牛の子牛はヒトが哺乳した後に指やズボンをチュウチュウと吸い続け、頭突きをしてくるし、肉用牛の黒毛和種の子牛は哺乳後に柵に嚙みつき、涙を流しながら舌を前後に動かす。乳牛は飼槽に入れられた乾草を食べずに振り上げる。また、体重の重い乳牛が横になる場合にお尻を先に地面に下ろす。ちなみにウシは、放牧地では前肢を折り肘をついて前駆を地面につけた後、お尻を地面に下ろす。肉牛は舌を伸ばし左右に振ったり、舌を丸めて前後に出し入れする。なにをやろうとしているのかが類推できない行動がつぎつぎに目につき、ウシ側の情動と意図はなにで、そしてその行動をどのように制御したらよいのかへの研究、すなわちアニマルウェルフェア研究に移行していくこととなった。

「はじめに」でも述べたとおり、私の研究の方向とアニマルウェルフェア研究の方向に一致性を感じ、一九八五年にウッドガッシュ教授の研究室に留学したわけである。当時はインターネットなどなく、留学中にアニマルウェルフェアに関する法律を収集することが主目的であった。じつはウシが専門ではない彼らから、研究面では学ぶことはないだろうとの思いでの留学でもあった。彼と彼の研究グループにいたマイク（M. Appleby）（現アメリカ人道協会家畜・有機畜産部門副所長）、アリスター（A. Lawrence）（現スコットランド農科大学教授）、そしてゼミによく参加したダンカン（年長のI. Duncan にはイアンとはよびかけることはできず、プロフェッサー・ダンカンといっていた。現ゲルフ大学教授）やリンダ（L. Keeling）（現スウェーデン農科大学教授）もすべてニワトリやブタの研究者であったことから、ニワトリの改良ケージやブタのファミリーペンシステムは一応みておこうとは思っていた。

しかし、彼らの研究は十分に刺激的なものであった。行動学の成果が畜舎にちりばめられ、ブタやニワトリの反応は私が抱いていたイメージとはまったく異なるものであった。そのなかでも、エジンバラ・ファミリーペンシステムで飼われていたブタにはとくに強いショックを受けた。ブタ飼育場に入ったときの感激はいまも忘れられない。私がもつブタのイメージは、神経質で、ヒトが豚舎に入ればキーキーと鳴き叫びながら飛び跳ねて逃げていき、ときにはヒトに襲いかかり食いちぎりさえする凶暴な動物というもので、ブタはそう反応するものと予想していた。ところが、そこでのブタは非常に落ち着いていた。愛嬌のある顔でこちらを向き、近寄りにおいをかぐだけで興奮することなく離れていき、こちらから近づいて触れてなでても受け入れるという、とてもおとなしい動物であった。そして、さっそく「日本のブタと反応が違う」という感想をウッドガッシュに話すと、「品種の差もあるだろうが、主因は飼育環境の違いだ」と彼は断言した。同じ舎飼いでも、これだけ反応が変わることかと大きな衝撃を覚えた。このようにして、この留学を通じて私の生涯の研究はアニマルウェルフェア研究に向かったのである。

幼いころにトンボの羽をむしり、頭と胴体と尾を分け、肉屋ごっこをしたり、ヒキガエルが入っている洞穴に花火を入れて爆発させたり、ペットのハトを食い殺したネコが憎いばかりに追いかけ回したわが動物虐待暦は、私の脳裏にいまも残っている。イギリス留学から帰ってボーダーコリーを飼い、毎晩帰宅した後、一時間程度の散歩をさせたにもかかわらず、愛犬ベンは犬小屋の柱をかじり、床を掻き続ける行動をよく行った。常同化しなかったことだけが救いであるが、アニマルウェルフェアリストのマーサ（M. Kiley-Worthington）からは「繋留してイヌを飼うものではない」と強く批判された。私の思索にたくさんの示唆を与えてくれたこれらの動物へ感謝したい。そして、私の不適切な飼育や動物虐待に対しての反省としても本書を彼らに捧げたい。

本書は、宮崎大学や東北大学で学生とともに行った研究の成果と討論が土台になっている。当然、独立行政法人農業・生物系特定産業技術研究機構畜産草地研究所での討論も有意義なものであった。これまでかかわってくれたみなさまに感謝したい。宮崎大学農学部の学生時代に全国の動物園を原付バイクで回り、キリンの異常行動の実態調査をし、かつ改善の可能性を研究した教え子の一人である宮崎加奈子女史には、いきいきとした家畜の姿を表紙絵と挿入画に描いてもらった。私の主張に合致するイメージを描いてくれた宮崎女史に感謝したい。また、本書の執筆を勧めてくださった東北大学大学院農学研究科佐藤英明教授、ならびに編集の労をとっていただいた東京大学出版会編集部の光明義文氏に感謝したい。最後になるが、私のウェルフェアにつねに気をつけてくれ、本書の最初の下書きを一般読者の代表として読み、適切な指摘・助言をしてくれた妻英子に最大の感謝を送りたい。

参考文献

［第1章］

ハリソン・R（橋本明子・山本貞夫・三浦和彦訳）、アニマル・マシーン、講談社、東京、一九七九。

メイソン・J／シンガー・P（高松修訳）、アニマル・ファクトリー、現代書館、東京、一九八二。

佐藤衆介・岡本直木、家畜福祉に関する意識調査、日本家畜管理学会誌、三二、四三-五二、一九九六。

佐藤衆介・織田咲弥香・鈴木啓一・菅原和夫、養豚農家の家畜福祉に関する意識調査、日本家畜管理学会誌、三八、一三一-一四〇、二〇〇二。

シンガー・P（戸田清訳）、動物の解放、技術と人間、東京、一九八八。

Rauw, W. M., E. Kanis, E. N. Noordhuizen-Stassen and F. J. Grommers, Undesirable side effects of selection for high production efficiency in farm animals : A review. Livestock Production Science, 56 : 15-33. 1998.

Russell, W. M. S. and R. L. Burch, The Principles of Humane Experimental Technique (Special Edition). UFAW. Herts. 1992.

Sandoe, P., L. Munksgaard, N. P. Badsgard and K. H. Jensen, How to manage the management factor-assessing animal welfare at the farm level. In : Livestock Farming Systems. EAAP Publication No. 89. (ed. by J. T. Sorensen). pp. 221-230. Wageningen Pers. Wageningen. 1997.

〔第2章〕

佐藤衆介・近藤誠司・田中智夫・楠瀬良編著、家畜行動図説、朝倉書店、東京、一九九五。

Phillips, C. and D. Piggins (eds.), Farm Animals and the Environment. CAB International. Wallingford. 1992.

〔第3章〕

佐藤衆介、豚もパンのみに生きるにあらず、畜産の研究、四一、三-八、一九八七。

トーン・C（山崎恵子・鷹巣月美訳）、犬と猫の行動学、インターズー、東京、一九九七。

http://europa.eu.int/comm/food/fs/aw/index_en.html（EUにおけるアニマルウェルフェア情報を得ることができる）

http://www.env.go.jp/nature/dobutsu/aigo/index.html（動物愛護管理法など、わが国の動物愛護関連法規を読むことができる）

〔第4章〕

赤坂憲雄編、東北学、第三巻、狩猟文化の系譜、東北芸術工科大学東北文化研究センター、山形市、二〇〇〇。

青木玲、競走馬の文化史——優駿になれなかった馬たちへ、筑摩書房、東京、一九九五。

知里幸恵、注釈アイヌ神謡集、北海道出版企画センター、札幌、二〇〇三。

デカルト・R（落合太郎訳）、方法序説、岩波書店、東京、一九六七。

ダイアモンド・J（長谷川真理子・長谷川寿一訳）、人間はどこまでチンパンジーか？　新曜社、東京、一九九三。

池上俊一、動物裁判、講談社、東京、一九九〇。

伊谷純一郎、アフリカ紀行——ミオンボ林の彼方、講談社、東京、一九八四。

加地伸行、儒教とは何か、中公新書、東京、一九九〇。

梶尾孝雄、日本動物史、八坂書房、東京、一九九七。

加茂儀一、日本畜産史——食肉・乳酪編、法政大学出版局、東京、一九七六。

加納隆至・加納典子、エーリアの火——アフリカ密林の不思議な民話、どうぶつ社、東京、一九八七。

河合雅雄・埴原和郎、動物と文明、朝倉書店、東京、一九九五。

久保田展弘、修験道・実践宗教の世界、新潮選書、東京、一九八八。

久保田展弘、日本多神教の風土、PHP研究所、東京、一九九七。

マーヴィン・H（板橋作美訳）、食と文化の謎、岩波書店、東京、一九九四。

モリス・D（渡辺政隆訳）、動物との契約、平凡社、東京、一九九〇。

中村禎理、日本人の動物観、海鳴社、東京、一九八四。

西尾実・安良岡康作校注、徒然草、岩波書店、東京、一九八五。

塚本学、生類をめぐる政治——元禄のフォークロア、平凡社、東京、一九九三。

ターナー・J（斉藤九一訳）、動物への配慮、法政大学出版局、東京、一九九四。

長英男、よりよき動物保護法実現を願って——現行法の立法趣旨と制定経過、JAWSレポート、一九、一‐二、一九九一。

Kellert, S. R., The Value of Life. Island Press. Washington. 1996.

［**第5章**］

アクセルロッド・R（松田裕之訳）、つきあい方の科学——バクテリアから国際関係まで、HBJ出版局、東京、一九八七。

カートミル・M（内田亮子訳）、人はなぜ殺すか——狩猟仮説と動物観の文明史、新曜社、東京、一九九五。

ダーウィン・C（村上啓夫・石原辰郎訳）、ダーウィン全集Ⅷ　人間及び動物の表情、白揚社、東京、一九三八。
長谷川政美、DNAからみた人類の起源と進化——分子人類学序説、海鳴社、東京、一九八四。
リーキー・R（馬場悠男訳）、ヒトはいつから人間になったか、草思社、東京、一九九六。
マッソン・J・M／マッカーシー・S（小梨直訳）、ゾウがすすり泣くとき——動物たちの豊かな感情世界、河出書房新社、東京、一九九六。
ピンカー・S（椋田直子訳）、心の仕組み（上）、NHKブックス、東京、二〇〇三。
澤口俊之、脳と心の進化論、日本評論社、東京、一九九六。
ウィルソン・E・O（松沢哲郎訳）、社会生物学、第五巻、思索社、東京、一九八五。
Cosmides, L. and J. Tooby, Evolutionary Psychology : A Primer. 1997. (http://www.psych.ucsb.edu/research/cep/primer.html)
Darwin, C., Descent of Man. 1871. (http://www.infidels.org/library/historical/charles_darwin/descent_of_man/index.shtml)
Hoffman, M. L., Empathy and Moral Development-Implications for Caring and Justice. Cambridge University Press. Cambridge. 2000.
Isack, H. A. and H.-U. Reyer, Honeyguides and honey gatherers : Interspecific communication in a symbiotic relationship. Science, 243 : 1343-1346. 1989.
Wilkinson, G. S., Reciprocal food sharing in the vampire bat. Nature, 308 : 181-184. 1984.

[**第6章**]

ホール・E・T（岩田慶治・谷泰訳）、文化を越えて、TBSブリタニカ、東京、一九七九。

リフキン・J（北濃秋子訳）、脱牛肉文明への挑戦——反映と健康の神話を撃つ、ダイヤモンド社、東京、一九九三。

佐藤英明、アニマルテクノロジー、東京大学出版会、東京、二〇〇三。
Paul, E. S. and J. A. Serpell, Childhood pet keeping and humane attitudes in young adulthood. Animal Welfare, 2 : 321-337. 1993.

アニマルウェルフェア
動物の幸せについての科学と倫理

二〇〇五年六月一六日　初　版
二〇二〇年八月二五日　第六刷

検印廃止

著　者　佐藤《さとう》衆介《しゅうすけ》
発行所　一般財団法人　東京大学出版会
代表者　吉見俊哉
一五三-〇〇四一　東京都目黒区駒場四―五―二九
電話：〇三―六四〇七―一〇六九
振替〇〇一六〇―六―五九九六四
印刷所　株式会社　精興社
製本所　牧製本印刷株式会社

ISBN 978-4-13-073050-1

【著者略歴】
一九四九年　宮城県に生まれる
一九七三年　東北大学農学部卒業
一九七八年　東北大学大学院農学研究科博士課程修了
東北大学大学院農学研究科教授、帝京科学大学生命環境学部教授などを経て、
現在　公益財団法人農村更生協会八ヶ岳中央農業実践大学校畜産部長、東北大学名誉教授、農学博士

【主要著書】
『ヒトと動物の関係学　第2巻　家畜の文化』（分担、二〇〇九年、岩波書店）
『動物への配慮の科学』（共監訳、二〇〇九年、チクサン出版社／緑書房）
『動物行動図説』（共編著、二〇一一年、朝倉書店）
『今を生きる　5　自然と科学』（分担、二〇一三年、東北大学出版会）
『Animals and Us』（分担，2016年，Wageningen Academic）